**SAFON UWCH**

**CANLLAW I FYFYRWYR**

**CBAC**

# Hanes

Uned 4: Yr Almaen Natsïaidd, tua 1933–45

Gareth Holt

**HODDER**
EDUCATION
AN HACHETTE UK COMPANY

*CBAC Safon Uwch Hanes Uned 4: Yr Almaen Natsïaidd, tua 1933–1945. Canllaw i Fyfyrwyr*

Addasiad Cymraeg o *WJEC A Level History Unit 4:* a gyhoeddwyd yn 2019 gan Hodder Education

Ariennir yn Rhannol gan
**Lywodraeth Cymru**
Part Funded by
**Welsh Government**

**Cyhoeddwyd dan nawdd Cynllun Adnoddau Addysgu a Dysgu CBAC**

Hodder Education, an Hachette UK Company, Carmelite House, 50 Victoria Embankment, London EC4Y 0DZ

Archebion: cysylltwch â Hachette UK Distribution, Hely Hutchinson Centre, Milton Road, Didcot, Oxfordshire, OX11 7HH. Ffôn: +44 (0)1235 827827. E-bost: education@hachette.co.uk. Mae'r llinellau ar agor rhwng 9.00 a 17.00 o ddydd Llun i ddydd Gwener. Gallwch hefyd archebu trwy wefan Hodder Education: www.hoddereducation.co.uk.

# Cynnwys

# ▉ Gwneud y gorau o'r llyfr hwn

## Cyngor

Cyngor ar bwyntiau allweddol yn y testun i'ch helpu chi i ddysgu a chofio cynnwys, osgoi camgymeriadau, a mireinio eich techneg arholiad er mwyn gwella eich gradd

## Gwirio gwybodaeth

Cwestiynau cyflym sy'n codi drwy'r adran 'Arweiniad i'r Cynnwys', er mwyn gwirio eich dealltwriaeth.

## Atebion gwirio gwybodaeth

1 Trowch i gefn y llyfr i gael atebion i'r cwestiynau gwirio gwybodaeth.

## Crynodebau

■ Ar ddiwedd pob testun craidd, mae crynodeb ar ffurf pwyntiau bwled er mwyn i chi weld yn gyflym beth mae angen i chi ei wybod.

---

Cwestiynau enghreifftiol

Samplau o atebion myfyrwyr

Rhowch gynnig ar y cwestiynau, yna edrychwch ar atebion y myfyrwyr sy'n eu dilyn.

Sylwadau ar atebion y myfyrwyr.

Darllenwch y sylwadau (ar ôl yr eicon ⓐ) sy'n dangos faint o farciau y byddai pob ateb yn eu cael yn yr arholiad, ac yn union ble caiff y marciau eu hennill neu eu colli.

# ◼ Ynglŷn â'r llyfr hwn

Mae'r canllaw hwn yn ymdrin â Safon Uwch Uned 4 Opsiwn 8 Yr Almaen: Democratiaeth ac Unbennaeth tua 1918–1945; Rhan 2: Yr Almaen Natsïaidd, tua 1933–1945 ym manyleb TAG CBAC, sy'n werth 20% o'r cymhwyster Safon Uwch cyfan. Dyma ail hanner yr astudiaeth fanwl a ddewiswyd. Cafodd y rhan gyntaf ei hastudio yn Uned 2. Dylech ddefnyddio'r wybodaeth a'r ddealltwriaeth a ddysgoch yn flaenorol yn Uned 2 wrth ddechrau astudio Uned 4.

Mae'r adran **Arweiniad i'r Cynnwys** yn amlinellu'r meysydd cynnwys allweddol ar gyfer cyfnod 1933–1945. Mae rhan gyntaf yr adran hon yn canolbwyntio ar ddatblygiadau pellach yn rheolaeth y Natsïaid ar yr Almaen ar ôl 1933. Wedi hynny mae'n mynd yn ei blaen i drafod effaith polisïau hiliol, cymdeithasol a chrefyddol y Natsïaid rhwng 1933 ac 1945, a dadansoddi effeithiolrwydd polisi economaidd y Natsïaid yn y blynyddoedd hynny. Mae rhan nesaf yr opsiwn yn ymdrin â'r newidiadau i bolisi tramor y Natsïaid rhwng 1933 ac 1945, gan ddadansoddi cefndir dechrau'r Ail Ryfel Byd a gwerthuso'r datblygiadau allweddol yn ystod y rhyfel yn ogystal â'r effaith gyffredinol ar yr Almaen.

Mae'r adran **Cwestiynau ac Atebion** yn cynnwys enghreifftiau o atebion i'r cwestiynau ymateb estynedig (gwerth 30 marc) yn C1 a C2 neu C3. Mae'r rhain yn canolbwyntio ar werth ffynonellau hanesyddol i hanesydd ar gyfer datblygiad penodol, ac ar ddewis o gwestiynau traddodiadol ar ffurf traethawd. Ceir enghreifftiau o ymatebion cryf (gradd A) a rhai gwan (gradd C) i'r ddau fath o gwestiwn. Nid yw'n bosibl rhoi cwestiynau ac atebion enghreifftiol ar gyfer pob datblygiad, felly mae'n rhaid i chi fod yn ymwybodol y gallai unrhyw ran o'r fanyleb gael ei phrofi yn yr arholiad. Ni all y canllaw hwn fanylu'n llawn ar bob datblygiad, felly dylech ei ddefnyddio ochr yn ochr ag adnoddau eraill – fel nodiadau dosbarth ac erthyglau mewn cyfnodolion, yn ogystal â rhai, o leiaf, o'r llyfrau yn y rhestr ddarllen a luniwyd gan CBAC ar gyfer y fanyleb.

# Arweiniad i'r Cynnwys

## ■ Cronoleg yr Almaen Natsïaidd 1933–45

| Blwyddyn | Dyddiad | Digwyddiad |
|---|---|---|
| 1933 | 30 Ionawr | Hitler yn dod yn ganghellor y Reich |
| | 27 Chwefror | Tân y Reichstag |
| | 28 Chwefror | Ordinhad Tân y Reichstag |
| | 5 Mawrth | Etholiad y Reichstag |
| | 21 Mawrth | Diwrnod seremoni Potsdam |
| | 23 Mawrth | Deddf Alluogi |
| | 1 Ebrill | Boicot cenedlaethol o fusnesau Iddewig |
| | 7 Ebrill | Deddf ar gyfer Adfer y Gwasanaeth Sifil Proffesiynol |
| | 2 Mai | Diddymu undebau llafur |
| | 10 Mai | Llosgi llyfrau an-Almaenig |
| | 22 Mehefin | Diddymu'r SPD |
| | 14 Gorffennaf | Deddf yn erbyn sefydlu pleidiau |
| | | Cyfreithloni diffrwythloni gorfodol |
| | 20 Gorffennaf | Concordat â'r Eglwys Gatholig |
| | 14 Hydref | Yr Almaen yn gadael Cynghrair y Cenhedloedd |
| | 12 Tachwedd | Etholiad un blaid |
| 1934 | 30 Mehefin | Noson y Cyllyll Hirion |
| | 2 Awst | Marwolaeth yr Arlywydd Hindenburg |
| | 19 Awst | Hitler yn dod yn Führer ac yn ganghellor y Reich |
| | 24 Hydref | Sefydlu Ffrynt Llafur yr Almaen |
| 1935 | 16 Mawrth | Ailgyflwyno consgripsiwn |
| | 15 Medi | Deddfau Nürnberg (*Nuremberg*) |
| 1936 | 7 Mawrth | Ailfilwrio'r Rheindir |
| | 1 Hydref | Cynllun Pedair Blynedd |
| 1937 | 5 Tachwedd | Hitler yn cyflwyno ei farn ar bolisi tramor (Memorandwm Hossbach) |
| 1938 | 11 Mawrth | *Anschluss* gydag Awstria |
| | 29 Medi | Cynhadledd München (*Munich*) |
| | 1 Hydref | Argyfwng Tsiecoslofacia: meddiannu'r Sudetenland |
| | 9 Tachwedd | Kristallnacht |

| Blwyddyn | Dyddiad | Digwyddiad |
|---|---|---|
| 1939 | 15 Mawrth | Meddiannu gweddill Tsiecoslofacia |
| | 23 Awst | Cytundeb i Beidio ag Ymosod rhwng y Natsïaid a'r Sofietiaid (Cytundeb Molotov–Ribbentrop) |
| | 1 Medi | Yr Almaen yn goresgyn Gwlad Pwyl |
| | 3 Medi | Prydain a Ffrainc yn cyhoeddi rhyfel yn erbyn yr Almaen |
| 1940 | 22 Mehefin | Ffrainc yn ildio/cadoediad â'r Almaen |
| | Gorffennaf–Hydref | Brwydr Prydain |
| 1941 | 22 Mehefin | Yr Almaen yn ymosod ar yr Undeb Sofietaidd |
| | 7 Rhagfyr | UDA yn ymuno â'r rhyfel |
| 1942 | 20 Ionawr | Cynhadledd Wannsee |
| | 13 Chwefror | Albert Speer yn cael ei benodi'n weinidog arfau |
| | 23 Awst 1942–2 Chwefror 1943 | Brwydr Stalingrad |
| 1944 | 6 Mehefin | Ymosodiad D-Day |
| | 20 Gorffennaf | Cynllwyn bom Stauffenberg |
| 1945 | 30 Ebrill | Hitler yn cyflawni hunanladdiad |
| | 7–8 Mai | Lluoedd arfog yr Almaen yn ildio i'r Cynghreiriaid |

# ■Ffigurau allweddol yr Almaen Natsïaidd 1933–45

| Ffigur | Rôl |
| --- | --- |
| Ludwig Beck | Pennaeth staff milwrol y fyddin rhwng 1935 ac 1938. Ymddiswyddodd Beck dros gynlluniau Hitler i ymosod ar Tsiecoslofacia, a daeth yn wrthwynebydd egnïol i'r Natsïaid. |
| Joseph Goebbels | Gweinidog propaganda ac ymoleuo rhwng 1933 ac 1945. Roedd yn rheoli'r cyfryngau ac yn dylanwadu ar ddiwylliant yr Almaen Natsïaidd. |
| Hermann Göring | Gweinidog-arlywydd Prwsia a gweinidog y llu awyr 1933–45. Llywydd y Reichstag o 1934 ymlaen. Cyfrifol am y Cynllun Pedair Blynedd. |
| Reinhard Heydrich | Pennaeth Prif Swyddfa Diogelwch y Reich, ac un o benseiri'r Holocost. |
| Paul von Hindenburg | Etholwyd ef yn arlywydd ar ôl marwolaeth Friedrich Ebert yn 1925, a'i ailethol yn 1932. Penododd Hitler yn ganghellor ar 30 Ionawr 1933. |
| Adolf Hitler | Fel arweinydd y Blaid Natsïaidd, trawsnewidiodd y blaid a'i llusgo o'r ymylon i ddod yn fudiad torfol. Yn y pen draw, sicrhaodd ei fod yn dod yn ganghellor ym mis Ionawr 1933. |
| Alfred Hugenberg | Cenedlaetholwr a diwydiannwr blaenllaw oedd â buddiannau helaeth yn y cyfryngau. Ef oedd arweinydd y DNVP ac roedd yn aelod o gabinet Hitler yn 1933. |
| Franz von Papen | Gwleidydd ceidwadol a oedd yn ganghellor yn ystod 1932. Bu ganddo rôl flaenllaw wrth ddod â Hitler i rym, gan lwyddo i berswadio Hindenburg ei bod yn bosibl iddyn nhw gadw Hitler dan reolaeth. |
| Ernst Röhm | Pennaeth staff yr SA, corff oedd yn tyfu'n gyflym. Cafodd ei ddienyddio yn ystod cyrch gwared (*purge*) y Natsïaid ym mis Mehefin 1934. |
| Joachim von Ribbentrop | Gweinidog tramor o fis Chwefror 1938 tan 1945. Cafodd ei ganfod yn euog o droseddau rhyfel yn Nürnberg, a chael ei grogi. |
| Hjalmar Schacht | Llywydd y Reichsbank yn 1933 a gweinidog yr economi o 1934 ymlaen. Chwaraeodd ran fawr yn adferiad economaidd yr Almaen tan iddo ymddiswyddo yn 1937. |
| Albert Speer | Pensaer a chyfaill agos i Hitler a ddaeth yn weinidog arfau a chynhyrchu rhyfel yn 1942. |
| Claus von Stauffenberg | Swyddog yn y fyddin a gafodd ei ddadrithio gan y gyfundrefn Natsïaidd. Roedd yn un o brif gynllwynwyr y cynllwyn bom yn 1944. |

# ◼ Prif bleidiau gwleidyddol y Reichstag, Mawrth 1933

## KPD

Galwai Plaid Gomiwnyddol yr Almaen am chwyldro yn yr Almaen, fel yn Rwsia.

## SPD

Plaid y Sosialwyr Democrataidd oedd y blaid sosialaidd fwyafrifol, a'r blaid wleidyddol fwyaf yn yr Almaen am y rhan fwyaf o gyfnod Weimar. Roedd yr SPD yn gefnogol iawn i system weriniaethol o lywodraethu, gan geisio sefydlu gwladwriaeth sosialaidd drwy ddulliau democrataidd.

## DDP

Roedd Plaid Ddemocrataidd yr Almaen yn blaid adain chwith, gymdeithasol ryddfrydol. Roedd wedi ymrwymo i ffurf ddemocrataidd o lywodraeth ac yn cydymdeimlo â Gweriniaeth Weimar.

## Wirtschaftspartei

Roedd Plaid Reich dosbarth canol yr Almaen, oedd yn cael ei hadnabod fel y Wirtschaftspartei, neu'r WP, yn blaid geidwadol a sefydlwyd gan grwpiau o'r dosbarth canol is.

## Plaid y Canol

Roedd Plaid Almaenig y Canol yn blaid Gatholig (enw arall arni oedd Zentrum), ac roedd yn cynrychioli buddiannau'r Eglwys Gatholig. Roedd yn gysylltiedig â Phlaid Pobl Bafaria (BVP), oedd yn cynrychioli buddiannau'r Eglwys Gatholig yn nhalaith Bafaria.

## BVP

Plaid Gatholig oedd Plaid Pobl Bafaria, ac roedd yn gysylltiedig â Phlaid y Canol. Roedd wedi torri'n rhydd oddi wrth y blaid honno yn 1918.

## DVP

Roedd Plaid Pobl yr Almaen yn ymwrthod â'r Weriniaeth ac yn ffafrio adfer y frenhiniaeth yn yr Almaen. Roedd yn cynrychioli buddiannau busnesau mawr.

## DNVP

Roedd Plaid Genedlaethol Pobl yr Almaen yn blaid geidwadol adain dde oedd yn gwrthwynebu'r Weriniaeth. Dymunai ddychwelyd i system lywodraeth awdurdodaidd.

## NSDAP

Plaid Genedlaethol Sosialaidd Gweithwyr yr Almaen (neu'r Blaid Natsïaidd). Plaid wrth-ddemocrataidd oedd yn dymuno dinistrio Gweriniaeth Weimar ac ailsefydlu llywodraeth genedlatholgar, awdurdodaidd.

# ■ Datblygiadau yn rheolaeth y Natsïaid ar yr Almaen ar ôl 1933

## Chwarae gêm beryglus

Yn ôl damcaniaeth clymbleidio, mae ffurfio gweinyddiaeth newydd yn digwydd o ganlyniad i gêm o fargeinio. Mae nifer o ffactorau allweddol cymhleth yn dylanwadu arni. Yn gyntaf, bydd cyd-destun penodol yn cael ei greu gan ystyriaethau mewnol ac allanol. Yn ail, bydd rhai pobl yn ffafrio agweddau gwleidyddol penodol, gan lywio cyfeiriad unrhyw glymblaid newydd. Yn olaf, bydd fframwaith sefydliadol yn pennu sut caiff clymblaid benodol ei ffurfio. Digwyddodd yr holl ffactorau allweddol hyn yn ystod y daith droellog a arweiniodd at benodi Hitler yn ganghellor yr Almaen ym mis Ionawr 1933.

Roedd effaith Cwymp Wall Street, a chwalu'r system ddemocrataidd a ddaeth yn sgil hynny yn yr Almaen, wedi creu amgylchedd lle gallai Sosialaeth Genedlaethol ffynnu. Roedd symudiad gwleidyddol graddol wedi bod tuag at y dde, gan danseilio sefydlogrwydd sawl clymblaid ar ôl ei gilydd yn ystod Gweriniaeth Weimar. Roedd y dde'n benderfynol o fynd â'r Almaen yn ôl at system fwy awdurdodaidd o lywodraethu. Roedd hyn yn golygu ei bod yn haws o lawer i rywun fel Hitler ddod i rym.

Yr Arlywydd Hindenburg oedd y prif gymeriad gwleidyddol wrth ffurfio'r llywodraeth newydd, oherwydd bod y cyfansoddiad yn caniatáu iddo ddiswyddo a phenodi'r canghellor. Dydy hi ddim yn hollol gywir dweud bod y Natsïaid wedi 'cipio' grym, oherwydd cael ei wahodd i rym wnaeth Hitler fel rhan o gyfaddawd. Yn y bôn roedd hon yn briodas rhwng grwpiau gwleidyddol adain dde, y Blaid Natsïaidd, a'r Arlywydd Hindenburg.

Gyda hunan-les gwleidyddol yn eu dallu, roedd y dde geidwadol, dan arweiniad Franz von Papen (canghellor am gyfnod byr yn 1932), yn ceisio adennill ei safle yn yr Almaen ac yn credu ei bod wedi dod o hyd i'r ffordd o wneud hynny gyda Hitler. Nod y dde geidwadol oedd defnyddio'r Natsïaid, yn wreiddiol, i sicrhau mwyafrif seneddol sefydlog, ac yna gosod yr Almaen ar drywydd gwleidyddol o'i dewis ei hun.

Roedd von Papen ac Alfred Hugenberg (dyn busnes, perchennog cyfryngau ac arweinydd y DNVP) wedi'u hargyhoeddi bod rhaid cadw gweinidogion Natsïaidd yn y lleiafrif. Mae Tabl 1 yn dangos aelodau cabinet cyntaf Hitler. Dim ond tri o Natsïaid oedd ynddo, gydag wyth ceidwadwr dylanwadol o'u hamgylch a'r Is-Ganghellor von Papen yn gwmni iddyn nhw. Felly llwyddon nhw i'w hargyhoeddi eu hunain y byddai modd ffrwyno Hitler yn gymharol rhwydd. Ond roedd y syniad o ddal Hitler a'i blaid yn ôl yn gamgymeriad o'r dechrau. I wneud hynny, byddai angen cymeriadau gwleidyddol cryf oedd â'r ewyllys i gynnal y mesurau diogelwch oedd wedi'u sefydlu. Yn fuan, doedd gwleidyddion fel von Papen ddim yn dangos llawer o awydd i ffrwyno Hitler.

**Gwirio gwybodaeth 1**

Pam llwyddodd Sosialaeth Genedlaethol i ffynnu yn ystod y Dirwasgiad?

**Tabl 1** Cabinet cyntaf Hitler

| Canghellor y Reich (Reichskanzler) | Adolf Hitler (NSDAP) |
|---|---|
| Is-ganghellor a chomisiynydd y Reich ar ran Prwsia | Franz von Papen (DNVP) |
| Gweinidog tramor y Reich | Konstantin von Neurath (gwas sifil Ceidwadol) |
| Gweinidog mewnol y Reich | Dr Wilhelm Frick (NSDAP) |
| Gweinidog amddiffyn y Reich | Y Cadfridog Werner von Blomberg (pleidiol i'r Natsïaid) |
| Gweinidog cyllid y Reich | Iarll Schwerin von Krosigk (gwas sifil Ceidwadol) |
| Gweinidog economeg ac amaethyddiaeth y Reich | Dr Alfred Hugenberg (DNVP) |
| Gweinidog llafur y Reich | Franz Seldte (arweinydd Stalhelm) |
| Gweinidog post a thrafnidiaeth y Reich | Paul Freiherr von Eltz-Rübenach (gwas sifil Ceidwadol) |
| Gweinidog heb bortffolio i'r Reich, comisiynydd awyr y Reich, gweinidog mewnol Prwsia | Hermann Göring (NSDAP) |
| Comisiynydd cyflogaeth y Reich | Dr Günther Gereke (gwas sifil Ceidwadol) |
| Gweinidog cyfiawnder y Reich | Dr Franz Gürtner (DNVP) |

Fel y digwyddodd pethau, byddai hunanfalchder gormodol von Papen yn profi'n dyngedfennol ac yn angheuol. Roedd yn hyderus gan fod Hindenburg yn ymddiried ynddo, a hefyd am mai ef oedd comisiynydd y Reich ar ran Prwsia, swydd allweddol a olygai mai ef oedd pennaeth Hermann Göring, gyda rheolaeth dros yr heddlu a gweinyddiaeth Prwsia. Ar ben hynny, fel is-ganghellor roedd ganddo'r hawl i fod yn bresennol pan fyddai'r canghellor yn cyflwyno ei adroddiadau i'r arlywydd. Ond fel y digwyddodd pethau, dim ond y gangelloriaeth a rheolaeth dros ddwy weinyddiaeth fewnol y Reich a Prwsia roedd Hitler eu hangen. Gyda'r rhain, gallai gymryd yr hyn a alwyd yn Chwyldro Cenedlaethol, a'i droi yn chwyldro Sosialaidd Genedlaethol.

Fel gweinidog mewnol Prwsia, i bob pwrpas roedd gan Göring reolaeth dros dair rhan o bump o weinyddiaeth fewnol y Reich, gan gynnwys yr heddlu. Fel gweinidog mewnol y Reich, roedd gan Wilhelm Frick rai pwerau cyfyngedig dros ddwy ran o'r pump arall. Roedd y Cadfridog Werner von Blomberg yn bleidiol i'r Natsïaid, ac roedd yntau'n weinidog amddiffyn. Felly doedd gan Hitler ddim llawer i'w ofni gan y fyddin.

Doedd rhannu grym ddim yn rhan o weledigaeth wleidyddol Hitler. Ar y cyfle cyntaf, byddai'n cymryd camau i sicrhau annibyniaeth oddi wrth ei bartneriaid yn y glymblaid ac atgyfnerthu ei safle yn y Reichstag. Wrth edrych yn ôl, mae'n glir y byddai cyfansoddiad y cabinet newydd yn fanteisiol i Hitler yn hytrach nag yn ei rwystro. Dan haen denau o gyfreithlondeb cyfansoddiadol, byddai'n dinistrio democratiaeth.

Felly, yng nghyd-destun 1933 ymlaen, beth oedd yn debygol o ddigwydd i'r system ddemocrataidd yn yr Almaen o ystyried bod Hitler:

- yn ôl un diplomydd o Brydain, yn gymysgedd o achubwr a dyn yn dal gwn?
- gyda'i ddilynwyr, wedi bod yn barod i dorri'r gyfraith cyn 1933?
- yn dymuno cryfhau sefyllfa'r NSDAP yn y Reichstag er mwyn gallu gorfodi mesurau i newid y cyfansoddiad?
- wedi dweud yn gyhoeddus ei fod yn elyn i ddemocratiaeth ers amser hir?
- wedi cydweithio gyda cheidwadwyr i gael gafael ar weithdrefnau gweinyddol gwladwriaeth yr Almaen?
- yn ymwneud â chyfeillion oedd yn barod i dderbyn dinistrio'r wladwriaeth honno?

**Stalhelm** Sefydliad adain dde i gyn-filwyr. Hindenburg oedd y pennaeth anrhydeddus.

# Atgyfnerthu pŵer Hitler, 1933–34

## Chwyldro cyfreithlon neu ffug-gyfreithlon?

Nid 30 Ionawr 1933 oedd y diwrnod pan fu farw democratiaeth, ond yn sicr roedd angen cymorth arni yn fawr iawn erbyn hynny.

Yn aml bydd llywodraethau sydd mewn cyfnod o drawsnewid yn wynebu cyfleoedd newydd ar yr un pryd â bod yn hynod o fregus. Mae angen adeiladu momentwm a'i gynnal drwy gyfnod cychwynnol llywodraeth newydd, ac yn aml mae'r wythnosau a'r misoedd cyntaf yn hanfodol ar gyfer llwyddiant y trawsnewid.

Roedd y llywodraeth glymblaid a ffurfiwyd ar 30 Ionawr 1933 yn un o res hir o glymbleidiau niferus oedd wedi bod yn rhan gyson o wleidyddiaeth Gweriniaeth Weimar. Ond y tro hwn, y pleidiau cenedlaetholgar oedd yn rheoli. Mewn gwirionedd, roedd hyn yn seiliedig ar ganlyniadau etholiad mis Tachwedd 1932. Mae hynny'n eironig o ystyried bod cefnogaeth i'r Natsïaid i'w weld wedi brigo ym mis Gorffennaf 1932 pan enillon nhw 230 o seddi yn y Reichstag, o'i gymharu â 196 yn yr etholiad diweddarach. Mae dosraniad y seddi yn dilyn etholiad Tachwedd 1932 i'w weld yn Nhabl 2.

**Tabl 2** Canlyniadau etholiad y Reichstag Tachwedd 1932

| Plaid | Nifer y seddi |
|---|---|
| KPD | 100 |
| SPD | 121 |
| Y Canol | 70 |
| BVP | 20 |
| DDP | 2 |
| DVP | 11 |
| DNVP | 52 |
| NSDAP | 196 |
| Eraill | 12 |

O ran Hitler ei hun, efallai ei fod yn ganghellor, ond roedd ei sefyllfa ymhell o fod yn ddiogel. Doedd dim mwyafrif clir gan y Natsïaid yn y Reichstag. Roedd yn bosibl y gallai Hitler gael ei ddiswyddo ar unrhyw adeg ar awdurdod yr arlywydd — sef yr union beth a ddigwyddodd i'r tri changhellor blaenorol. Os oedd yn benderfynol o sicrhau pŵer absoliwt, roedd nifer o rwystrau y byddai'n rhaid iddo eu datrys. Roedd angen iddo wneud y canlynol:

- mynd heibio i awdurdod yr arlywydd, a chynyddu ei ddylanwad ar yr arlywydd drwy hynny
- cael gafael ar bwerau deddfu llawn mewn ffordd nad oedd wedi digwydd erioed o'r blaen, er mwyn iddo allu dileu'r Reichstag fel offeryn llywodraethu effeithiol
- diddymu unrhyw warantau cyfansoddiadol, er mwyn gallu dileu dylanwad unrhyw wrthwynebiad gwleidyddol, a Natsieiddio'r llywodraeth ganolog
- ymdrin â buddiannau oedd yn gwrthdaro o fewn y Blaid Natsïaidd, gan fod y rhain yn bygwth ansefydlogi ei awdurdod.

Ar ben hynny, roedd y Natsïaid yn gweithredu dan rai cyfyngiadau penodol. Roedd Hindenburg yn gwbl agored ei ddicter at Hitler, felly byddai unrhyw newidiadau'n gorfod bod yn raddol ac ymddangos yn gyfreithlon, oherwydd doedd Hitler ddim am roi esgus i'r arlywydd ei ddiswyddo. Nid oedd yn dymuno ysgogi'r fyddin i ymyrryd chwaith — roedd ganddo brofiad o fethiant ers Putsch München ym mis Tachwedd 1923. Roedd hyn wedi arwain at ei garcharu, gan ddysgu gwers iddo ynghylch mentro'r cyfan ar ymgais ddramatig i greu gwrthryfel. Byddai rhaid iddo oddef yr elitau gwleidyddol traddodiadol hefyd, a hynny er bod radicaliaid yn ei fudiad yn galw arno i'w gwaredu. Byddai'n defnyddio'r fyddin, biwrocratiaeth a diwydianwyr yn ôl yr angen, er mwyn cryfhau ei rym.

Doedd Hitler ddim am fynd at yr arlywydd ar ei liniau i ymbil am gael defnyddio pwerau'r ordinhad arlywyddol. Sylweddolodd mai ennill mwyafrif seneddol clir oedd y ffordd orau i atgyfnerthu ei bŵer. Gwelodd y gallai etholiadau cynnar Mawrth 1933 sicrhau mwyafrif clir a'i ryddhau rhag gorfod dibynnu ar Hindenburg a'r pleidiau cenedlatholgar eraill. Byddai hefyd yn dilysu ei lywodraeth newydd ef drwy ymddangos yn gyfreithlon a chael ei dderbyn gan y bobl.

Pan ddaeth yn ganghellor, roedd Hitler wedi awgrymu y byddai'n ceisio sicrhau cefnogaeth Plaid y Canol i sefydlu clymblaid genedlatholgar ymarferol. Ond gwnaeth yn siŵr na fyddai'r trafodaethau gyda Phlaid y Canol yn gynhyrchiol, ac felly gallai drefnu i ddiddymu'r Reichstag a galw etholiadau newydd ar unwaith ar gyfer 5 Mawrth 1933.

Yn y ffordd hon, cafodd y gorau ar von Papen a Hugenberg. Cadwodd aelodau'r cabinet oedd heb fod yn Natsïaid yn dawel, yn hytrach na herio'r syniad o alw etholiad mor frysiog. Does dim amheuaeth eu bod yn euog o ildio i Hitler drwy wneud hyn, o ystyried y gallen nhw fod wedi defnyddio mecanwaith cyfansoddiadol i atal yr etholiad, drwy'r Pwyllgor Diogelu Hawliau Seneddol.

Mewn etholiad rhydd a theg, dylai'r holl ffigurau gwleidyddol allu cystadlu ar sail gyfartal, er mwyn i'r etholwyr allu dewis yn rhydd rhyngddyn nhw. Dylai'r holl broses etholiadol fod yn dryloyw, a dylai sicrhau bod yr holl hawliau gwleidyddol yn cael eu derbyn a'u diogelu, a bod egwyddor rhyddid mynegiant yn cael ei derbyn yn gyffredinol. Mae'n rhyddid gwleidyddol sylfaenol i ganiatáu negeseuon gwleidyddol pleidiau eraill, a pheidio ag ymyrryd â nhw.

Ond roedd tactegau'r Blaid Natsïaidd, yn enwedig yn ystod ymgyrchoedd etholiadol mis Gorffennaf a Thachwedd 1932, yn awgrymu ei bod yn annhebygol y byddai'r pum wythnos o ymgyrchu yn rhydd ac yn gyfartal.

O'r dechrau, roedd y Natsïaid yn awyddus i ledaenu neges bod y drefn gymdeithasol dan fygythiad gan wrthryfel Comiwnyddol oedd ar fin digwydd. Roedd bygythiad y chwyldro Comiwnyddol wedi bod yn bresennol drwy gydol cyfnod Weimar, ac felly roedd yn hawdd i'r Natsïaid fanteisio ar hyn. Roedd cefnogaeth i'r KPD wedi cynyddu yn ystod blynyddoedd Weimar, gydag etholiad mis Tachwedd 1932 yn sicrhau canlyniad gorau'r blaid gyda 100 o seddi. Os oedd Hitler yn gallu 'darganfod' tystiolaeth o weithgaredd gwrthryfelgar yn ystod ymgyrch etholiad mis Mawrth, gallai ei defnyddio i niweidio enw da y KPD a chyfiawnhau mesurau llym yn erbyn y Blaid Gomiwnyddol.

Roedd trais gwleidyddol yn rhan amlwg o wythnosau cyntaf yr ymgyrch etholiadol. Yn 1932 roedd von Papen fel canghellor wedi codi'r gwaharddiad ar y Sturmabteilung (SA). Roedd y mudiad hwn bellach yn rhydd i gyflawni trais heb gael ei gosbi, wrth i hen elynion gwleidyddol a phobl adain chwith gael eu cipio a'u gosod dan 'warchodaeth amddiffynnol.' Dyfeisiodd y Natsïaid slogan i'r ymgyrch sef 'Adfer trefn'. Roedd hon yn ddyfais wleidyddol glyfar, gan mai ei bwriad oedd apelio at Almaenwyr gwladgarol, ond ar yr un pryd byddai hefyd yn caniatáu i greulondeb guddio y tu ôl i broses gorfodi trefn.

**Ordinhad arlywyddol** (*Presidential Decree*) Dan Erthygl 48 Cyfansoddiad Weimar, gallai'r arlywydd atal y Reichstag a rheoli drwy ordinhad mewn argyfwng.

**Pwyllgor Diogelu Hawliau Seneddol** Un o'r mesurau gwirio a sefydlwyd gan Gyfansoddiad Weimar. Gallai'r pwyllgor fod wedi herio galwad Hitler am etholiad ar unwaith ym mis Mawrth 1933, gan ddadlau ei fod yn rhy frysiog.

## Gwirio gwybodaeth 2

Pa dystiolaeth sydd yna fod cefnogaeth i'r KPD wedi tyfu rhwng 1930 ac 1933?

**Sturmabteilung (SA)** Corff paramilwrol treisgar y Blaid Natsïaidd. Roedd ei aelodau'n cael eu hadnabod wrth yr enw 'Crysau Brown' oherwydd lliw eu gwisg.

Fel gweinidog mewnol Prwsia, roedd Göring yn gallu ehangu rheolaeth y Natsïaid yn gyflym dros yr heddlu a'r gwasanaeth sifil yn nhalaith Prwsia. Recriwtiodd 50,000 o heddlu cynorthwyol i helpu'r SA a'r **Schutzstaffel (SS)** i gynnal cyfraith a threfn. Cyhoeddodd orchymyn hefyd a gafodd ei alw'n 'ordinhad saethu' yn *The Times* ar 2 Chwefror 1933. Roedd ordinhad (*decree*) arall ar 4 Chwefror yn ei gwneud yn bosibl i wahardd a rheoli'r papurau newydd, a chyfarfodydd cyhoeddus unrhyw wrthwynebwyr gwleidyddol. Os oedd y pleidiau o blaid y weriniaeth a'r adain chwith yn cynnal cyfarfodydd, allen nhw ddim dibynnu ar warchodaeth yr heddlu. Cafodd llawer o wleidyddion adain chwith eu curo.

Roedd y Natsïaid yn rheoli darlledu ar y radio bron iawn yn llwyr yn y cyfnod yn arwain at yr etholiadau. Roedd hyn, ynghyd ag ordinhad 4 Chwefror, yn ei gwneud yn anodd iawn i'r gwrthbleidiau gyflwyno dadl effeithiol yn erbyn yr NSDAP. Roedd gallu'r KPD a'r SPD i gynnal ymgyrchoedd effeithiol wedi'i leihau'n ddifrifol, a chafodd yr etholiad ei gynnal mewn amgylchedd cynyddol wrth-Gomiwnyddol. Yn amlwg, roedd y Natsïaid yn dechrau dileu sawl elfen o ryddid cyfansoddiadol y wlad.

Yn wyneb rhywfaint o feirniadaeth gyhoeddus, aeth Hitler ati i esgus ei fod yn wleidydd cymedrol, gan alw ar bobl yr Almaen i fod yn ofalus ac yn amyneddgar. Honnai yntau mai lleiafrif radical o fewn y Blaid Natsïaidd oedd yn gyfrifol am y trais, yn hytrach na bod hyn yn achos o frawychu wedi'i drefnu gan y wladwriaeth.

## Tân y Reichstag, 27 Chwefror 1933

Fel sydd wedi'i drafod eisoes, roedd yn well gan Hitler danseilio sefydliadau democrataidd sefydledig o'r tu mewn, yn hytrach na cheisio eu dymchwel yn agored. Roedd y strategaeth hon yn golygu y byddai'r corff deddfwriaethol yn gyfrifol am ei ddifa ei hun, a bod modd dal i ymddangos yn gyfreithlon felly. Ond os rhywbeth, roedd digwyddiadau ac ordinhadau mis Chwefror 1933 yn dibrisio cysyniad y Natsïaid o chwyldro cyfreithlon. Os oedd cyfreithlondeb o gwbl, roedd yn hynod o denau — gwell fyddai ei alw yn **chwyldro ffug-gyfreithlon**.

O ystyried digwyddiadau blaenorol ac yng ngoleuni'r hyn a ddigwyddodd wedyn, mae'n ymddangos yn annhebygol mai'r unig beth wnaeth y Natsïaid oedd ymateb i weithred o derfysgaeth Gomiwnyddol ym mis Chwefror 1933. Ond mae'r cwestiwn ynghylch cyfrifoldeb wedi tanio'r ddadl hanesyddol ers cenedlaethau.

Ar 27 Chwefror 1933, llosgwyd adeilad y Reichstag. Adeilad y Reichstag oedd yn cynrychioli democratiaeth yr Almaen. Roedd ymosod ar symbol o'r fath, drwy ei losgi, yn ymosodiad anuniongyrchol ar bobl yr Almaen. Doedd dim modd i'r Natsïaid golli cyfle o'r fath (hyd yn oed os oedd y digwyddiadau wedi'u rheoli'n ofalus) i osod y bai ar eu gelynion gwleidyddol mwyaf. Yn ôl peiriant propaganda'r Natsïaid, y Comiwnyddion oedd wedi cynnau'r tân fel cam cyntaf mewn gwrthryfel Comiwnyddol ehangach, gyda'r bwriad o ddymchwel y llywodraeth. Roedd y cyhuddiad yn golygu bod teimladau gwrth-Gomiwnyddol a gwrth-KPD wedi cryfhau eto fyth.

Er bod dadlau o hyd ynghylch pwy ddechreuodd y tân, does dim amheuaeth pwy gafodd fantais ohono. Fyddai'r amseru ddim wedi gallu bod yn well, gan roi cyfle i'r Natsïaid weithredu yn erbyn eu gelynion yn union cyn yr etholiad. Llwyddodd Hitler i berswadio Hindenburg i gytuno ar ordinhad a fyddai'n atal rhyddid sifil a gwleidyddol

**Schutzstaffel (SS)** Grŵp paramilwrol gafodd ei greu yn wreiddiol i ddarparu diogelwch i Hitler a'r blaid, ac yna ei ehangu i fod yn brif offeryn rheoli a braw gwladwriaethol y Natsïaid.

**Gwirio gwybodaeth 3**

Beth oedd yr ordinhad saethu?

**Chwyldro ffug-gyfreithlon** Mae hwn yn cyfeirio at y ffaith fod Hitler wedi adeiladu unbennaeth ar sail pwerau stad o argyfwng parhaol, dan Erthygl 48 Cyfansoddiad Weimar.

**Gwirio gwybodaeth 4**

Pwy gafodd y bai am ddechrau Tân y Reichstag?

**Gwirio gwybodaeth 5**

Pam penderfynodd y Natsïaid ganiatáu i'r KPD frwydro etholiad 5 Mawrth os oedd y Comiwnyddion yn euog o ddechrau Tân y Reichstag?

bron yn llwyr. Cyhoeddwyd Ordinhad i Amddiffyn y Bobl a'r Wladwriaeth (sydd hefyd yn cael ei alw'n Ordinhad Tân y Reichstag) ar 28 Chwefror 1933, y diwrnod ar ôl y tân. Rhoddodd bwerau digynsail i'r wladwriaeth chwilio, arestio, carcharu a sensro — gyda'r bwriad honedig o fod yn fesurau dros dro yn unig.

Er mwyn ymddangos yn gyfreithlon a chadw at y cyfansoddiad, caniatawyd i'r Comiwnyddion gymryd rhan yn yr etholiad ar 5 Mawrth, er bod y KPD wedi'i gyhuddo o fod yn gyfrifol am y tân. Ond nid mater o gadw at egwyddor ddemocrataidd oedd hyn. Yn hytrach, roedd yn weithred dactegol, er mwyn atgyfnerthu ymhellach yr argraff fod y Natsïaid yn barod i wrando ar ewyllys y bobl.

Doedd dim byd teg na chyfiawn am yr etholiad ar 5 Mawrth, o ystyried nad oedd yr SPD na'r KPD yn cael ymgyrchu'n rhydd. Dyw hi ddim yn syndod bod canlyniadau'r etholiad (Tabl 3) yn cadarnhau bod y Natsïaid wedi cynyddu eu cyfran o'r bleidlais boblogaidd o 33.1% ym mis Tachwedd 1932 i 43.9% yn 1933. Enillon nhw 288 o seddi, ond doedd hynny'n dal ddim yn ddigon i gael mwyafrif clir.

**Tabl 3** Canlyniadau etholiad y Reichstag Mawrth 1933

| Plaid | Nifer y seddi |
|-------|---------------|
| KPD | 81 |
| SPD | 120 |
| Y Canol | 74 |
| BVP | 18 |
| DDP | 5 |
| DVP | 2 |
| DNVP | 52 |
| NSDAP | 288 |
| Eraill | 7 |

Erbyn 9 Mawrth, fodd bynnag, roedd swyddogion Natsïaidd wedi cipio grym yn y Länder, a diddymwyd olion diwethaf annibyniaeth yn nhaleithiau'r Almaen wrth i Frick ddinistrio llywodraeth leol y taleithiau a sefydlu llywodraethwyr y Reich.

Canolwyd y wladwriaeth Natsïaidd drwy ddiddymu'r Reichsrat (tŷ uchaf y Reichstag) ar 30 Ionawr 1934. Roedd y weithred hon yn amlwg yn torri Cyfansoddiad Weimar, ac yn dangos bod rheolaeth Natsïaidd wedi'i gorfodi ar lefel leol drwy'r Almaen gyfan cyn i'r unbennaeth gael ei sefydlu yn y canol. Bellach roedd yr Almaen wedi dod yn wladwriaeth genedlaethol yn hytrach na ffederal.

Ond roedd canlyniad yr etholiad yn golygu bod Hitler yn dal yn dibynnu ar gydweithrediad yr arlywydd a'r Reichstag. Fel y dywedai Erthygl 68 Cyfansoddiad Weimar, 'Caiff deddfau'r Reich eu llunio yn y Reichstag'. Os oedd Hitler yn mynd i gael mwy o rym unbenaethol, byddai'n rhaid iddo ddod o hyd i ffordd o osgoi pwerau deddfwriaethol y Reichstag, a disodli awdurdod gwleidyddol Hindenburg.

# Y Ddeddf Alluogi, 23 Mawrth 1933

## O ddemocratiaeth i unbennaeth

Mae rhai yn honni bod Hitler wedi datblygu cynlluniau ar gyfer Deddf Alluogi yn dilyn canlyniad siomedig etholiadau mis Tachwedd 1932. Os felly, yna roedd gwaith

**Cyngor**

Yn y pen draw, doedd gan y Natsïaid ddim bwriad o gadw at ganlyniad yr etholiad mewn unrhyw ffordd, felly doedd caniatáu i'r gwrthbleidiau gymryd rhan ddim yn gwneud fawr o wahaniaeth, ar wahân i gynnal y ddelwedd o 'chwyldro cyfreithlon'.

**Länder** taleithiau'r Almaen, oedd yn eu llywodraethu eu hunain ar y cyfan.

Roedd gan yr Almaen, oedd bellach yn wladwriaeth **genedlaethol yn hytrach na ffederal**, draddodiad cryf o ddatganoli awdurdod o'r canol i'r taleithiau. Roedd y system ffederal yn cynnwys taleithiau annibynnol, oedd i raddau helaeth yn hunanlywodraethu o fewn Reich unedol. Gwrthdrowyd y broses hon i greu un wladwriaeth ganolog Natsïaidd gwbl unedig.

**Cyngor**

Mae'n syniad da nodi bod Hitler, yn ystod y cyfnod rhwng 1933 ac 1934, yn dilyn polisi Gleichschaltung yn systematig, ac roedd hynny'n golygu gwneud cymdeithas yr Almaen yn ufudd.

paratoi'r ddeddf yn digwydd gyda chymorth gweision sifil — sy'n golygu bod y biwrocratiaid wedi cydgynllwynio â Hitler ac wedi paratoi'r ffordd iddo fabwysiadu pwerau unbenaethol.

Pasiwyd y Ddeddf Alluogi, neu 'Y Ddeddf ar gyfer Dileu Gofid y Bobl a'r Reich' gyda 441 o bleidleisiau yn erbyn 94 ar 23 Mawrth 1933. Roedd y ddeddf yn rhoi grym i'r canghellor lunio deddfau heb orfod cynnwys y Reichstag yn y broses — na phwerau ordinhad yr arlywydd chwaith. Y bwriad oedd i'r darpariaethau fod mewn grym am bedair blynedd, ond mewn gwirionedd roedden nhw'n fodd i ddechrau sefydlu unbennaeth Natsïaidd mewn gwladwriaeth un blaid.

Ystyriwyd bod y ddeddf yn ddiwygiad i'r cyfansoddiad. Dan gyfraith gyfansoddiadol Weimar, roedd rhaid cael mwyafrif o ddwy ran o dair yn y Reichstag i gymeradwyo unrhyw ddiwygiadau i'r cyfansoddiad. Ond yn sgil canlyniadau etholiad 5 Mawrth, doedd y Natsïaid ddim yn gallu sicrhau'r mwyafrif angenrheidiol o ddwy ran o dair, hyd yn oed gyda chefnogaeth y DNVP. Byddai'n rhaid sicrhau hyn drwy ddulliau eraill.

Dyma rai o'r camau a gymerwyd i sicrhau bod y ddeddf yn cael digon o gefnogaeth yn y Reichstag (oedd nawr yn cyfarfod yn Nhŷ Opera Kroll):

■ Roedd disgwyl i'r dirprwyon Comiwnyddol bleidleisio yn erbyn y ddeddf, ond cawson nhw eu heithrio o'r Reichstag gan Ordinhad Tân y Reichstag, ac felly doedd dim modd iddyn nhw bleidleisio.

■ Cafodd rhai o ddirprwyon yr SPD eu harestio, ac mae'n bosibl fod eraill yn teimlo dan fygythiad oherwydd presenoldeb yr SA yn ystod y bleidlais. Yr SPD oedd yr unig blaid a bleidleisiodd yn erbyn y Ddeddf Alluogi.

■ Roedd y Natsïaid yn dibynnu ar gefnogaeth Plaid y Canol. Yn Potsdam ddau ddiwrnod ynghynt, ar 21 Mawrth, roedd yr SA a'r SS wedi sefyll yn syber ddisgybledig, gan roi arwydd clir y gallen nhw ymddwyn yn gyfreithlon. Llwyddodd y ddelwedd hon o lynu at draddodiad, ynghyd ag addewidion am statws y ffydd Gatholig yn y dyfodol yn yr Almaen, i argyhoeddi Plaid y Canol i bleidleisio o blaid y Ddeddf Alluogi.

Felly plaid ddemocrataidd oedd yr un i wthio'r hoelen olaf i arch gyfansoddiadol Weimar, oherwydd nad oedd ganddi'r ewyllys na'r dyfalbarhad i gadw rhyddid yn fyw.

Unwaith eto roedd Hitler wedi gweithredu mewn modd oedd yn ymddangos yn gyfreithlon, ond mae cyfreithlondeb cyfansoddiadol y Ddeddf Alluogi wedi cael ei herio. Yn fwyaf arwyddocaol, cafodd ei phasio gan Reichstag oedd heb ei gyfansoddi'n llawn. Roedd eithrio'r dirprwyon Comiwnyddol yn torri'r drefn ddeddfwriaethol, a dylai hynny felly fod wedi gwneud y weithred o atal y cyfansoddiad yn annilys.

Os oedd Hitler angen cydweithrediad pobl, roedd wedi eu swyno i gyd gydag addunedau a ddiflannodd yn fuan iawn. Ac yntau bellach â rheolaeth lwyr dros yr heddlu, yr SS a'r SA, gallai ddileu unrhyw rwystrau a safai rhyngddo a grym gyda'r esgus bod ganddo ganiatâd swyddogol. Roedd wedi dinistrio'r Reichstag fel sefydliad democrataidd effeithiol, a'r cam nesaf oedd dinistrio'r pleidiau gwleidyddol eraill.

Ar 26 Mai, diddymwyd y Blaid Gomiwnyddol ac arestiwyd ei dirprwyon. Gan fod Hitler wedi atal y Comiwnyddion, roedd yn bosibl y byddai'r dde draddodiadol nawr yn dewis cael gwared ar Hitler, a sefydlu unbennaeth arlywyddol. Ar ôl pleidleisio i wahardd y KPD, gorfodwyd y DNVP hefyd i'w diddymu ei hun ar 27 Mehefin.

**Cyngor**

Roedd enwau deddfwriaeth y Natsïaid yn ymwneud mwy â marchnata Sosialaeth Genedlaethol na'i gwneud hi'n eglur beth roedd pob deddf yn ei wneud.

**Potsdam** Cynhaliwyd y seremoni i agor y llywodraeth newydd yn Potsdam mewn seremoni symbolaidd oedd yn dangos undod yr hen drefn a'r newydd, ym mherson Hindenburg a Hitler. Roedd y ddelwedd o drefn yn hudo pobl a gwleidyddion yr Almaen i ymdeimlad ffug o ddiogelwch.

Gwasgwyd y cenedlaetholwyr allan o'r llywodraeth, a diddymwyd Plaid y Canol a'r SPD. Roedd y 'fframwaith ceidwadol' tybiedig oedd wedi'i lunio i reoli Hitler bellach yn ddarnau mân. Pen draw yr holl broses oedd y ddeddf ar 14 Gorffennaf 1933, oedd yn ei gwneud yn drosedd wleidyddol i drefnu unrhyw grŵp gwleidyddol y tu allan i'r NSDAP.

Ym mis Tachwedd 1933 cynhaliwyd etholiad arall, a doedd hi ddim yn syndod i'r Natsïaid gipio pob sedd yn y Reichstag, oherwydd dim ond un rhestr bleidiol gafodd ei chynnig i'r etholwyr ei chymeradwyo. Felly daeth yr Almaen yn swyddogol yn wladwriaeth un blaid, gyda deddf oedd yn sefydlu undod y blaid a'r wladwriaeth ym mis Rhagfyr 1933.

## Noson y Cyllyll Hirion, 30 Mehefin 1934

Erbyn 1934 roedd egwyddorion athroniaeth Sosialaeth Genedlaethol wedi cymryd lle y syniad mai rheolaeth cyfraith fyddai sail pŵer y llywodraeth Natsïaidd. Mewn gwirionedd roedd hyn yn golygu y gallai'r Natsïaid gyfiawnhau unrhyw weithredu gyda'r esgus ei bod yn stad o argyfwng. Byddai gweithgarwch arferol llywodraeth drefnus, resymol yn cael ei anwybyddu, a grym yn cael ei weithredu mewn ffordd ormesol drwy Hitler.

Yn dilyn datblygiadau gwleidyddol 1933, yr unig rwystrau yn weddill rhwng Hitler a phŵer absoliwt oedd byddin yr Almaen, Hindenburg ac adain radical y Blaid Natsïaidd.

Ar yr wyneb, gallech gredu bod y fyddin a'r SA yn gyfystyr â Sosialaeth Genedlaethol. Ond nid oedd y berthynas rhyngddyn nhw yn un syml. Roedd arweinwyr y fyddin yn rhan o'r hen adain dde aristocrataidd. Roedd llawer o arweinwyr y fyddin yn dal i amau faint o fygythiad oedd y Natsïaid i'r drefn gymdeithasol a gwleidyddol, a byddai Hitler wedi gorfod gweithio i ennill eu cefnogaeth.

O ran yr SA, roedd agwedd annibynnol Röhm, yr arweinydd, yn bygwth safle Hitler. Nid yn unig roedd Röhm yn gobeithio creu rhyw fath o wladwriaeth SA, i bob pwrpas, drwy 'ail chwyldro', roedd hefyd yn dymuno tynnu byddin yr Almaen i mewn i rengoedd yr SA dan ei arweinyddiaeth ei hun.

**Gwirio gwybodaeth 6**

Beth oedd 'ail chwyldro' Röhm?

Doedd Hindenburg ddim wedi dangos unrhyw hoffter o Hitler na Sosialaeth Genedlaethol erioed. Er bod ei rôl fel arlywydd yn llai pwysig ar ôl pasio'r Ddeddf Alluogi, roedd yn dal i fod yn ffigur dylanwadol iawn yn yr Almaen.

Ym mis Mehefin 1934, roedd y tri rhwystr hyn mewn cyswllt â'i gilydd. Gyda Hindenburg ar ei wely angau, roedd yn hollbwysig i Hitler weithredu er mwyn sicrhau cefnogaeth y fyddin, cyn ceisio cymryd pwerau'r arlywydd iddo ef ei hun. Doedd Hitler ddim am weld arlywydd ceidwadol arall yn cael ei orfodi arno gan y dde draddodiadol. Ac nid oedd chwaith eisiau i'r fyddin gyfuno gydag elfennau ceidwadol eraill i'w atal rhag olynu Hindenburg. Roedd angen iddo gael strategaeth allai warchod ei gynnydd gwleidyddol, ennill cefnogaeth y fyddin, a dileu adain radical yr SA dan arweiniad Röhm.

Y canlyniad oedd cyrch gwared (*purge*) Noson y Cyllyll Hirion. Rhwng 30 Mehefin a 2 Gorffennaf 1934, llofruddiwyd Röhm a stormfilwyr blaenllaw eraill, yn ogystal â nifer o geidwadwyr gan gynnwys y cyn ganghellor Kurt von Schleicher a'i wraig. Ymhlith rhai eraill a laddwyd roedd Gregor Strasser, oedd yn Natsi adain chwith, ac arweinydd Plaid y Canol, Erich Klausener.

Llwyddodd y cyrch gwared i ddileu'r posibilrwydd y gallai'r SA ddod yn ganolfan grym arall i gystadlu â Hitler, a gosododd gynsail ar gyfer llofruddiaethau anghyfreithlon dan nawdd y wladwriaeth. Cynyddodd llofruddiaethau ar draws yr Almaen wrth i'r Natsïaid fanteisio ar y cyfle i dalu sawl pwyth yn ôl, gan ddatgelu eu hawydd i weithredu gydag anghyfiawnder, rheolaeth ormesol a llywodraethu drwy drosedd. Serch hynny, bu ymdrech i gyfreithloni'r cyrch ar ôl y digwyddiad drwy ordinhad. Cafodd hwnnw ei gymeradwyo gan y cabinet ar 3 Gorffennaf, gan ddatgan bod y mesurau a gymerwyd yn gyfreithlon ac yn weithred o hunanamddiffyn yn erbyn cynllwynion bradwrus. Mewn cylchoedd ceidwadol, croesawyd y cyrch fel ymyriad angenrheidiol i adfer trefn.

Roedd y fyddin, oedd yn ystyried yr SA yn elyn peryglus, wedi cefnogi'r cyrch (er bod o leiaf un cadfridog ymhlith y rhai a laddwyd) gan ddarparu arfau a chefnogaeth ymarferol. Roedd y fyddin felly wedi'i chyfaddawdu'n ddifrifol gan y digwyddiadau, ac wedi chwarae rhan bwysig yn atgyfnerthu grym Hitler. Ond roedd gweithredoedd pwysicaf Noson y Cyllyll Hirion wedi'u cyflawni gan y grym newydd oedd yn dechrau ymddangos yn yr Almaen, sef yr SS. Er bod yr SS yn rhan o'r SA o hyd mewn enw, roedd wedi dechrau manteisio ar y cyfle i blannu amheuon rhwng yr SA a'r fyddin yn y cyfnod yn arwain at 30 Mehefin.

## Effaith marwolaeth Hindenburg

Bump wythnos yn ddiweddarach, ar 2 Awst 1934, bu farw Hindenburg, a chyfunodd Hitler swyddi'r arlywydd a'r canghellor yn un fel Führer a Reichskanzler (canghellor y Reich). Heriodd ei Ddeddf Alluogi ei hun drwy gyfuno'r ddwy swydd wladwriaethol, gan fanteisio ar y cyfle i addasu ei berthynas â'r fyddin, a mynnu llw o deyrngarwch diamod ganddyn nhw. Gan fynd ymhellach na'r awdurdod oedd ganddo, sicrhaodd y Cadfridog Blomberg fod y llw yn cael ei wneud i Hitler fel unigolyn. Roedd hyn, unwaith eto, yn torri'r cyfansoddiad, oherwydd dylai'r adduned o deyrngarwch gael ei gwneud i'r wladwriaeth a'r cyfansoddiad.

Ar 19 Awst 1934, cafwyd **refferendwm** i gymeradwyo uno swyddi'r wladwriaeth. Digwyddodd y ffars olaf yn y chwyldro ffug-gyfreithlon hwn pan gafodd Hitler gymeradwyaeth gan 38 miliwn o Almaenwyr i ymgymryd â grym fel Führer a Reichskanzler. Hyd yn oed ar yr adeg hon, roedd y Natsïaid yn teimlo bod rhaid sicrhau rhith o gyfreithlondeb fel sail ar gyfer cipio grym.

# Propaganda, cyflyru a braw

## Propaganda a'i gyfyngiadau

Bydd unbennaeth yn ceisio creu rhyw fath o undod meddwl, gan annog pobl i wrthod unrhyw fath o unigolyddiaeth neu amrywiaeth barn. Targed pwysig i unrhyw unbennaeth felly yw gallu rheoli sianeli'r cyfryngau torfol ac unrhyw sefydliad sy'n cyfleu agweddau, gwerthoedd neu gredoau.

Mae technegau propaganda a chyflyru yn gweithio orau drwy gyfuno'r dechnoleg ddiweddaraf gyda phwysau seicolegol, ac maen nhw ar eu mwyaf effeithiol os ydyn nhw'n cael eu hanelu at bobl sydd yn ansicr ac yn fregus yn barod. Yn yr Almaen yn yr 1930au, roedd cynulleidfa barod ymysg cymdeithas oedd yn dal i deimlo cywilydd cenedlaethol dwys, ac a oedd wedi'i niweidio yn sgil chwyddiant, dirwasgiad economaidd a diweithdra torfol.

**Cyngor**

Dylid ystyried y cyrch gwared ar 30 Mehefin 1934 fel cam pragmataidd i osgoi'r posibilrwydd y byddai'r fyddin yn cipio awdurdod ar y cyd â lluoedd ceidwadol a byddin yr Almaen.

**Refferendwm** pleidlais gan y bobl i sicrhau cymeradwyaeth y boblogaeth i bolisi neu ddatblygiad.

Gall hwyliau'r cyhoedd fod yn amrywiol ac yn hawdd ei danio, felly bydd angen addasu neges y propaganda yn aml i gyd-fynd â'r agenda ar y pryd. Yn wir, os yw llywodraeth yn mynd i argyhoeddi pobl nad yw'n ceisio eu twyllo, bydd rhaid iddi droi gormodiaith a chelwydd yn gelfyddyd. Roedd iaith wleidyddol Natsïaeth yn fyr, yn fachog ac yn angerddol, wedi'i chynllunio i apelio at reddf y dorf, heb fod angen unrhyw esboniad na dadl.

Yn yr Almaen Natsïaidd, y dyn oedd yn gyfrifol am bropaganda oedd Joseph Goebbels, sef pennaeth y Weinyddiaeth dros Ddiwylliant Poblogaidd ac Ymoleuo. Yn ei ymdrech i sicrhau undod meddwl a gweithred, gweithiodd i sefydlu 'propaganda diamod'. Yn ei hanfod, aeth ati i rannu'r genedl yn bobl weithredol a phobl oddefol, neu'n aelodau ac yn gydymdeimlwyr. Ei nod oedd cynyddu'r grŵp o gydymdeimlwyr a chadw'r aelodau. Roedd hyn oherwydd bod propaganda yr un mor bwysig wrth gadarnhau a chyfnerthu barn a rhagfarnau'r rhai oedd eisoes yn cydymdeimlo ag oedd wrth geisio argyhoeddi'r rhai eraill.

Y wasg a'r radio oedd y ddau brif gyfrwng cyfathrebu, ond roedd y Natsïaid yn awyddus i ddefnyddio unrhyw sefydliad a phob techneg berswadio er mwyn concro pobl yr Almaen, gan gynnwys ysgolion, prifysgolion a Mudiad Ieuenctid Hitler. Defnyddiwyd ffilm fel arf propaganda. Cynhyrchodd Leni Riefenstahl, er enghraifft, ddelwedd ogoneddus o Hitler yn y ffilm *Buddugoliaeth yr Ewyllys* (1935).

Prif nod propaganda Natsïaidd oedd ail-lunio cymdeithas yr Almaen mewn ffordd radical, a chynhyrchu **Volksgemeinschaft** neu 'gymuned genedlaethol' newydd. Byddai hon wedi'i hysbrydoli gan weledigaeth o orffennol delfrydol oedd wedi'i nodweddu gan ymdeimlad dwys o undod a chymuned hiliol bur. Roedd peiriant propaganda'r Natsïaid yn annog y boblogaeth yn gyson i roi'r gymuned o flaen yr unigolyn, ac roedd y syniad o gymuned genedlaethol yn mynd law yn llaw â **myth y Führer**.

Awgrymwyd bod y Natsïaid, drwy eu peiriant propaganda a chyflyru effeithlon, wedi gallu argyhoeddi a pherswadio'r holl Almaenwyr hynny a fyddai fel arall wedi gwrthsefyll Natsïaeth. Ond mae derbyn hynny hefyd yn awgrymu y gallai pobl yr Almaen gael eu hudo'n llwyr gan bropaganda. Mae'n anodd credu bod propaganda yn unig wedi gallu cynnal y blaid, ac ideoleg y blaid, dros gyfnod o 12 mlynedd. At hynny, mae'n eithaf posibl bod effaith y propaganda a'r cyflyru hwn wedi cael ei orbwysleisio. Os y wasg a'r radio oedd dau brif gyfrwng propaganda'r Natsïaid, trodd newyddiadura yn waith digyffro ac un dimensiwn, gan golli diddordeb y cyhoedd. Rhwng 1933 ac 1939 cafwyd gostyngiad o 10% yng nghylchrediad papurau newydd. Yn 1932 dim ond 25% o gartrefi'r Almaen oedd yn berchen ar radio. Does dim modd i'r cyfryngau ddylanwadu arnoch chi os nad oes gennych chi ffordd o'u derbyn.

Mewn gwirionedd, mae'n debygol bod rhai Almaenwyr yn cefnogi'r Natsïaid yn bennaf am fod gwneud hynny'n gweithio er eu lles nhw eu hunain, a bod propaganda Natsïaidd yn effeithiol am ei fod yn adlewyrchu llawer o ddyheadau cyfran o boblogaeth yr Almaen.

Mewn geiriau eraill, roedd propaganda'n pregethu i bobl oedd yn rhannol wedi cael eu hargyhoeddi yn barod, o leiaf mewn rhai achosion. Gallai'r bobl hyn uniaethu â'r weledigaeth Natsïaidd o atgyfodi militariaeth, cenedlaetholeb a cheidwadaeth gymdeithasol. Roedd rhethreg propaganda gyda'i ffurfiau gwahanol a'i lafarganu yn cynnig delwedd siwgraidd o gymdeithas berffaith lle roedd gobaith a chyfle ar gael i unrhyw 'wir' Almaenwyr.

**Volksgemeinschaft**
Trawsnewidiad radical o gymdeithas yr Almaen yn gymuned genedlaethol (neu gymuned y bobl) ar sail cydymffurfiaeth hiliol a hierarchaeth.

**Myth y Führer** Roedd Hitler yn cael ei weld yn ymgorfforiad o ewyllys pobl yr Almaen, dyn gyda chyfuniad o benderfynoldeb haearnaidd a nodweddion arweinydd oedd fel meseia.

### Cyngor

Heriwch y farn fod cefnogaeth boblogaidd i'r gyfundrefn Natsïaidd yn bennaf o ganlyniad i bropaganda effeithiol.

## Sensoriaeth

Mae'n annhebygol y byddai'r Natsïaid yn credu y gallai propaganda a chyflyru newid amodau cymdeithasol, economaidd, gwleidyddol a diwylliannol yr Almaen ar eu pen eu hunain. Byddai'n rhaid eu defnyddio ar y cyd ag offerynnau eraill fel sensoriaeth a braw.

Gan fod potensial gan unrhyw anghytuno neu anghydffurfio cymdeithasol, gwleidyddol, economaidd neu ddiwylliannol i amlygu camddefnydd y llywodraeth o rym, roedd y Natsïaid yn siŵr o sensro'n helaeth. Cyfyngwyd ar fywyd diwylliannol. Os oedd unrhyw bobl oedd â barn wahanol, neu yn y categori 'ddim yn berson', wedi cyhoeddi llyfrau, cafodd y llyfrau hynny eu gwahardd a'u llosgi. Condemniwyd a gwaharddwyd gweithiau 2,500 o lenorion pwysig, fel Thomas Mann. Cafodd gweithiau 'artistiaid dirywiedig' eu harddangos, eu gwawdio'n gyhoeddus, a'u cymryd i ffwrdd. Hyrwyddwyd cerddoriaeth Völkisch ac operâu mawr Wagner er mwyn sefydlu cwlwm emosiynol rhwng y blaid a'r bobl.

**Völkisch** O draddodiad gwerin yr Almaen.

## Gormes, ofn a thrais

Mae codi ofn drwy fygwth, a gwyliadwriaeth, wrth galon unrhyw unbennaeth. Nid oedd y Drydedd Reich yn eithriad. Ceisiodd y Natsïaid reoli'r bobl nad oedd y propaganda'n gallu eu cyrraedd drwy godi braw a'u gorfodi i gydweithredu fwy a mwy. Defnyddiwyd y Gestapo, y **Sicherheitsdienst (SD)**, gwersylloedd crynhoi, **Llys y Bobl** a 'gwarchodaeth amddiffynnol' i greu cenedl greulon a rhoi taw ar unrhyw wrthwynebiad. Drwy blismona ataliol, gallai'r Natsïaid ddileu unrhyw wrthwynebiad posibl. Roedd pobl gyffredin yn cael eu hannog i achwyn ar eu cymdogion, a daeth braw yn rhan o'r gyfundrefn. Wrth ddinistrio sefydliadau annibynnol, daeth yn haws i'r llywodraeth leihau'r potensial i bobl sefyll gyda'i gilydd yn erbyn gormes Natsïaidd.

**Sicherheitsdienst (SD)** Gwasanaeth cuddwybodaeth yr SS a'r Blaid Natsïaidd.

**Llys y Bobl** Llys a sefydlwyd ym mis Ebrill 1934 i ymdrin ag achosion o frad.

Ond i rai, roedd braw yn ffordd dderbyniol o drin ymddygiad 'gwyrdroëdig'. Roedd peiriant propaganda'r Natsïaid yn annog meddylfryd fel hyn, gan wthio dioddefwyr i'r cyrion, a'u portreadu fel troseddwyr, bradwyr a **phobl anghymdeithasol**. Cyflwynwyd gwersylloedd crynhoi fel rhywbeth annymunol ond angenrheidiol – buddiol hyd yn oed, gan eu bod yn troi pobl anghymdeithasol yn Almaenwyr da drwy waith a disgyblaeth. Roedd Comiwnyddion yn 'cael yr hyn roedden nhw'n ei haeddu'.

**Pobl anghymdeithasol** Grwpiau neu unigolion oedd yn cael eu hystyried yn fygythiad genetig neu foesol i'r gymuned genedlaethol

Roedd llawer o Almaenwyr yn teimlo dan fygythiad gan y braw hwn, gan eu hatgoffa pa mor ddiamddiffyn oedden nhw heb gyfraith, trefn a chyfiawnder gwirioneddol. Ni ddylid bychanu'r teimlad hwn oedd yn treiddio drwy gymdeithas. Pan ychwanegwch chi at hyn y traddodiad o ufudd-dod yng nghymdeithas yr Almaen, mae'n haws deall pam cydsyniodd llawer o Almaenwyr â chyfundrefn a oedd yn mynd yn groes i'w buddiannau.

# System wleidyddol y Natsïaid

Os derbyniwn y dybiaeth fod gan bob gwlad ei chyd-destun gwleidyddol a'i diwylliant ei hun, gallem ddadlau bod Gweriniaeth Weimar yn eithriad yn hanes gwleidyddol yr Almaen, gan ei fod yn gyfnod o ddemocratiaeth a ddaeth ar ôl patrwm di-dor o lywodraethau awdurdodaidd. O ystyried y dadrithiad eang â democratiaeth, a'r ffaith fod y Blaid Natsïaidd yn ei blynyddoedd cynnar wedi'i chyflwyno ei hun fel mudiad chwyldroadol oedd yn wrth-ryddfrydol ac yn wrth-ddemocrataidd, ni fyddai'n syndod mawr i bobl yr Almaen fod y Natsïaid yn ailgyflwyno trefn wleidyddol hŷn, gydag wynebau sefydliadol newydd.

Wrth drawsnewid o Weriniaeth Weimar i'r Drydedd Reich, buan iawn y cafodd awdurdod y Reichstag a rhyddid mynegiant gwleidyddol eu dileu. Gyda diddymu'r Reichsrat, cafodd israniadau hanesyddol yr Almaen imperialaidd eu dileu. Bellach roedd yr Almaen wedi dod yn wladwriaeth genedlaethol, yn hytrach nag yn un ffederal.

Ni chafodd cabinet y Reich gyfarfod ar ôl mis Chwefror 1938. Bellach nid oedd yn ddim mwy na charreg ateb i Hitler. Sefydlodd y Führerprinzip awdurdod absoliwt Hitler. Mewn egwyddor rhoddodd hyn bŵer unigryw a diderfyn iddo. Roedd llw teyrngarwch y fyddin yn cael ei rhoi i Hitler, yn hytrach nag i'r wladwriaeth. Roedd Hitler wedi honni y byddai rheolaeth awdurdodaidd drwy'r Blaid Natsïaidd yn creu llywodraeth well, fwy trefnus. Roedd myth Hitler yn ei ddarlunio fel arweinydd hollbresennol, hollalluog gydag awdurdod diamau a phur. Rhoddodd propaganda'r Natsïaid nodweddion arweinydd goruwchnaturiol iddo.

Ond nid yw popeth fel y mae'n ymddangos ar yr olwg gyntaf. Y tu ôl i ffasâd a ddangosai unbennaeth drefnus gyda Hitler yn rheoli'n llwyr, roedd gwlad oedd â dwy weinyddiaeth lywodraethol, i bob pwrpas. Er syndod, roedd llawer o gysondeb o ran llywodraeth ganolog a llywodraeth leol. Cadwyd y gweinyddiaethau blaenorol, a pharhaodd y gwasanaeth sifil traddodiadol i weithredu.

Ni chafwyd ymdrech i ddinistrio'r holl sefydliadau oedd yn bodoli a gosod sefydliadau Natsïaidd yn eu lle. Roedd hyn oherwydd nad oedd Hitler yn rhy awyddus i reolaeth y Blaid Natsïaidd dyfu mor bwerus nes gallai fygwth ei awdurdod ef ei hun. Ar y llaw arall, nid oedd chwaith yn awyddus i ganiatáu i'r gwasanaeth sifil traddodiadol gael rheolaeth lwyr dros fiwrocratiaeth weinyddol. Ond roedd angen iddo ddefnyddio traddodiad y gwasanaeth o allu ac arbenigedd i weinyddu, er mwyn rhoi'r gweithdrefnau cyfansoddiadol a chyfreithiol ar waith yn y llywodraeth. Drwy'r Ddeddf ar gyfer Adfer y Gwasanaeth Sifil Proffesiynol ym mis Ebrill 1933 cafwyd gwared ar Iddewon a gwrthwynebwyr amlwg o'r gwasanaeth sifil. Ond eto roedd Natsïaeth naill ai'n methu aildrefnu'r fiwrocratiaeth sefydliadol yn llwyr, neu'n amharod i wneud hynny.

Yn ei hanfod, datrysiad Hitler oedd cyfuno sefydliadau cyfochrog oddi mewn i'r Blaid Natsïaidd â'r hen wasanaeth sifil. Ni chafodd y sefydliadau oedd yn bodoli eu dinistrio, dim ond eu cysgodi gan sefydliadau'r wladwriaeth Natsïaidd, gan arwain at orgyffwrdd a dyblygu. (Ymddangosodd yr un patrwm yn y llywodraeth ganolog ac yn y llywodraeth leol). Roedd y gwasanaeth sifil sefydledig yn awyddus i ddiogelu ei draddodiadau hirsefydlog, ac ar yr un pryd sicrhau bod y peiriant biwrocrataidd yn gweithredu'n llyfn. Nid oedd yn croesawu ymyrraeth gan elfennau pleidiol anghymwys. Roedd swyddogion y Blaid Natsïaidd hwythau'n awyddus i orfodi gorchmynion y Führer. Yn aml bydden nhw'n cymryd cyfrifoldeb o weithio tuag at yr hyn roedden nhw'n ei dybio oedd dymuniad Hitler.

Canlyniad hyn oedd fod rhyfel cartref sefydliadol wedi datblygu. Daeth llywodraeth yr Almaen yn faes brwydr rhwng grymoedd gwrthwynebol oedd yn dadlau dros hyd a lled eu cyfrifoldebau. Er enghraifft, bu'r arolygydd ffyrdd cyffredinol yn gwrthdaro â'r gweinidog trafnidiaeth; roedd arweinydd ieuenctid y Reich yn cystadlu â'r gweinidog addysg.

## Maint rheolaeth dotalitaraidd

Er bod haneswyr wedi defnyddio label cyfleus 'totalitariaeth' i ddisgrifio'r gyfundrefn Natsïaidd, bu'n anodd diffinio'n union beth mae 'cyfundrefn dotalitaraidd' yn ei olygu. Pwynt hanfodol y drafodaeth yw gofyn a yw cyfundrefn o'r fath yn cael ei diffinio gan ei biwrocratiaeth, ideoleg, braw, neu seicopatholeg yr arweinydd. Efallai y byddai dull

**Führerprinzip** Syniad oedd yn bodoli cyn y Natsïaid, sef yr egwyddor o ufudd-dod llwyr i'r arweinydd, a derbyn yn llawn unrhyw benderfyniad roedd yn ei wneud. Roedd yn gosod gair Hitler uwchlaw'r gyfraith ysgrifenedig.

### Cyngor

Cofiwch fod rhaid i'r gwasanaeth sifil traddodiadol rannu cyfrifoldeb am y troseddau niferus a gyflawnwyd gan y Drydedd Reich. Roedd y fiwrocratiaeth wrth galon y weinyddiaeth yn cydweithio â'r SS, busnesau mawr a'r fyddin.

symlach o archwilio yn awgrymu ei bod yn llywodraeth sy'n cadw gafael absoliwt ar rym, o ystyried adnoddau'r ugeinfed ganrif, neu'n gyfundrefn wleidyddol sy'n amgáu cymdeithas yn llwyr.

Gallem ddisgrifio Syndrom Chwe Phwynt Carl J. Friedrich fel cyfuniad o'r uchod i gyd. Yn *The Unique Character of Totalitarian Society* eglurodd Friedrich chwe nodwedd allweddol mewn llywodraeth dotalitaraidd: un blaid dorfol dan arweiniad un dyn; monopoli llwyr o reolaeth gan y blaid; ideoleg swyddogol; monopoli dros gyfathrebu torfol; yr heddlu'n rheoli drwy system o fraw; a rheoli'r economi a phennu ei chyfeiriad yn ganolog.

Mae hwn yn fan cychwyn rhesymegol ar gyfer unrhyw drafodaeth am dotalitariaeth, gan ei fod yn golygu bod modd i gyfundrefnau sydd ddim yn dotalitaraidd fod â nodweddion totalitaraidd. Ond mae rhai wedi dadlau bod yr ymagwedd hon yn ddiffygiol, gan ei bod yn rhy statig a therfynol. Nid yw'n ystyried newidiadau na datblygiadau o ran deinameg fewnol system lywodraethu.

Os defnyddiwn ffon fesur Friedrich, mae'n ymddangos bod y Drydedd Reich yn dangos prif nodweddion gwladwriaeth dotalitaraidd o leiaf. Ond mae trafodaeth barhaus sy'n gofyn i ba raddau roedd y rhain yn gweithredu'n effeithiol.

## Un blaid dorfol dan arweiniad un dyn?

Heb os, roedd gan Hitler uchelgais dotalitaraidd. Ond mae lle i drafod i ba raddau y llwyddodd i gyflawni hyn. Er y byddai'n ymddangos, ar yr wyneb o leiaf, mai un blaid dorfol dan arweiniad un dyn oedd yn yr Almaen Natsïaidd, mae'r syniad mai Hitler oedd yr arweinydd diamau wedi cael ei herio am fod yn olwg 'un dimensiwn'. Yn wir, mae'r ddelwedd o Hitler fel arweinydd hollalluog a hollbresennol yn gamarweiniol. Mae'r farn ei fod wedi sefydlu gwladwriaeth fonolithig drefnus wedi cael ei herio.

Bydd grym unben bob amser yn cael ei brofi gan yr anawsterau ymarferol sy'n codi drwy geisio ymdopi â phopeth sy'n digwydd, heb sôn am reoli'r cyfan. Roedd hyn yn arbennig o wir am Hitler am ei fod, yn y bôn, yn ddiog ac yn casáu busnes ymarferol llywodraethu. Felly byddai'n gorfod dibynnu ar 'is-Hitleriaid', gweision a chynffonwyr, i ymdrin â busnes bob dydd y llywodraeth. At hynny, mae'r ffaith ei fod wedi caniatáu i ddau strwythur gweinyddol weithredu ochr yn ochr â'i gilydd – sef y wladwriaeth, a'r gwasanaeth sifil traddodiadol – yn golygu bod dwy hierarchaeth gyfochrog yn gwneud yr un swydd. Roedd hyn yn mynd i arwain yn anochel at bobl yn gwneud yr un gwaith ddwywaith yn aneffeithlon.

Os derbyniwn y dybiaeth bod Hitler yn trefnu pethau yn y modd hwn er mwyn sicrhau mai ef fyddai'r dyfarnwr goruchaf mewn system o *rannu a rheoli*, byddai hynny'n awgrymu bod ganddo awdurdod cyffredinol a'i fod yn arweinydd cryf.

Ond os gallwn herio'r dybiaeth honno, a dadlau bod y sefyllfa wedi codi yn sgil ei arweinyddiaeth aneffeithiol, gallwn gynnig hynny fel tystiolaeth o esgeulustod a gwendid wrth reoli'r wlad, a arweiniodd mewn gwirionedd at anarchiaeth awdurdodaidd. Mae hyn yn cyferbynnu'n gryf â'r syniad y byddai rheolaeth dotalitaraidd yn creu llywodraeth well, fwy effeithlon.

## Monopoli llwyr o reolaeth gan y blaid?

Efallai mai dim ond un blaid oedd yn cael ei goddef, a honno'n offeryn rheolaeth dotalitaraidd, ond ni chafodd ganiatâd erioed i gymryd rheolaeth lwyr. Yn ei weledigaeth o dotalitariaeth, dyfeisiodd Hitler system o ymreolaeth reoledig. Roedd

**Rhannu a rheoli** Aeth Hitler ati'n fwriadol i wanhau ei elynion drwy eu troi yn erbyn ei gilydd. Llwyddodd i gadw ei awdurdod oherwydd y dryswch a'r gwrthdaro a greodd.

hyn yn golygu, er y byddai'n defnyddio'r Blaid Natsïaidd fel colofn i'w gefnogi, na fyddai fyth yn ei chaniatáu i ddod yn ddigon cryf i fygwth ei safle ef ei hun.

### Monopoli dros gyfathrebu torfol?

Yn sicr, creodd Hitler fonopoli o reolaeth dros gyfathrebu torfol, ond ni lwyddodd fyth i sefydlu undod meddwl llwyr oherwydd byddai rhai ardaloedd bychan o wrthsafiad bob amser. Wrth i'r Ail Ryfel Byd rygnu yn ei flaen, roedd yn rhaid i'r llywodraeth ddibynnu fwyfwy ar fygwth a gorfodaeth, sy'n dangos cyfyngiadau propaganda Natsïaidd a methiant unrhyw fath o gonsensws cenedlaethol.

### Rheoli'r economi a phennu ei chyfeiriad yn ganolog?

Ni lwyddodd y Natsïaid i sefydlu rheolaeth lwyr dros yr economi a phennu ei chyfeiriad drwy gydol cyfnod y gyfundrefn, oherwydd datblygodd cyfuniad o gyfalafiaeth wladwriaethol a phreifat.

### Ideoleg swyddogol?

Roedd yna ideoleg oedd yn cyflwyno gweledigaeth Hitler i bobl yr Almaen, ond roedd y syniadau i gyd yn rhan o'r ymgais i ddylanwadu ar y bobl, yn hytrach na chynrychioli hanfod y gyfundrefn. Gellid dadlau nad oedd ideoleg Hitler yn ddim mwy nag amrywiad o set o agweddau a rhagfarnau wedi'i etifeddu gan awduron cenedlatholgar y genhedlaeth flaenorol.

### Yr heddlu'n rheoli drwy system o fraw?

Nodwedd fwyaf amlwg totalitariaeth yn yr Almaen oedd creu system o reolaeth ormesol gan yr heddlu, ar ffurf yr SS. Dyma un o'r prif elfennau arloesol yn y system Natsïaidd o lywodraethu, oedd yn caniatáu i'r wladwriaeth ddefnyddio braw mewn ffordd systematig.

Yn y pen draw, y ddadl yw bod Hitler wedi defnyddio cyfuniad o bropaganda i dwyllo poblogaeth yr Almaen, a braw i orfodi pobl i ymostwng. Ond dylem herio'r dybiaeth fod Hitler wedi arfer rheolaeth absoliwt o fewn gwladwriaeth dotalitaraidd, a bod Natsïaeth wedi treiddio i bob agwedd ar fywyd yr Almaen.

# Maint y gefnogaeth, y gwrthwynebiad a'r gwrthsefyll i reolaeth y Natsïaid

## Cefnogaeth frwd, cydsyniad parod neu elyniaeth lwyr?

Os yw unrhyw gyfundrefn yn ceisio sefydlu grym absoliwt, bydd yn ceisio sicrhau y gall gynnal cefnogaeth y bobl a dileu'r potensial am wrthwynebiad ar yr un pryd. Os nad yw'n gallu twyllo pobl drwy bropaganda, bydd yn ceisio codi ofn arnynt drwy fygwth nes iddyn nhw ildio. Yn raddol, mae unbennaeth yn llygru ffibr moesol ei dinasyddion, ac yn yr Almaen yn yr 1930au, roedd yn gynyddol anodd gwrthsefyll wrth i bŵer Natsïaidd ei sefydlu ei hun yn fwyfwy cadarn.

Ond ni ddylem ddehongli tawelwch fel arwydd o dderbyn. Roedd adroddiadau mewnol yr heddlu yn datgelu na lwyddwyd i ddileu anfodlonrwydd â'r gyfundrefn yn llwyr. Mewn llawer o drefi, roedd grwpiau sosialaidd a Chomiwnyddol yn dal i gyfarfod. Parhaodd rhywfaint o anfodlonrwydd ymhlith y dosbarth gweithiol â'r

Drydedd Reich drwy gydol yr 1930au, hyd yn oed ar ôl i'r undebau llafur a'r pleidiau gwleidyddol adain chwith gael eu diddymu. Cafodd cannoedd o filoedd o bapurau newydd, pamffledi a thaflenni adain chwith eu smyglo i mewn i'r Almaen.

Ond yn y pen draw, roedd diffyg ewyllys cyffredinol i wrthwynebu'r gyfundrefn.

## Cefnogaeth neu gydsyniad?

Yn sicr roedd amrywiaeth yn nifer y rhai oedd yn cydsynio i lywodraeth Natsïaidd yn y cyfnod hwn, gan fod agweddau a phrofiadau pobl yr Almaen yn amrywio'n eang ac yn dibynnu ar eu safle yn y gymdeithas. Mae hefyd yn debygol iawn nad oedd llawer o bobl yn gwybod i ba raddau roedden nhw'n cael eu cyflyru gan y propaganda oedd yn cael ei fwydo iddyn nhw.

Rhoddodd rhai Almaenwyr eu cefnogaeth eiddgar i ddelfrydau a pholisïau'r Natsïaid. O ran y weledigaeth gyfan, roedd syniadau Natsïaidd yn ddigon amwys a hyblyg i ddenu cefnogaeth boblogaidd eang. Mewn rhai ffyrdd, gallai Sosialaeth Genedlaethol olygu pethau gwahanol i bobl wahanol. Efallai fod athroniaeth Hitler yn llawn syniadau anghyflawn a rhagfarnau, ond roedden nhw'n cael eu cyflwyno gyda gallu areithio aruthrol – a'u cefnogi, fel rydym ni wedi'i weld, gyda phropaganda effeithiol.

Roedd apêl eang i'r Volksgemeinschaft, neu'r gymuned genedlaethol. Byddai hyn yn parhau i annog cefnogaeth oddefol, o leiaf, i'r gyfundrefn. Roedd yn apelio at reddf yr haid, gan gynnig ffordd gyfleus a boddhaol o gadarnhau pwy oedd 'i mewn', ac yn bwysicach, pwy oedd 'allan'. Llwyddodd cenedlaetholdeb a gwladgarwch eithafol propaganda'r Natsïaid i greu ymateb emosiynol. Gweithredodd hyn fel glud ideolegol, yn clymu grwpiau amrywiol at ei gilydd er mwyn gallu cysylltu eu gobeithion a'u dyheadau penodol â'r achos cenedlaethol. Roedd adferiad yr Almaen yn awgrymu adfer lles moesol a materol y bobl eu hunain.

O ran y polisïau Natsïaidd, roedd rhai'n adlais grymus o safbwyntiau neu ragfarnau pobl oedd yn rhannu syniadau'r Natsïaid am filitariaeth, cenedlaetholdeb a cheidwadaeth gymdeithasol. Roedden nhw hefyd yn rhannu eu casineb at bobl Sinti a Roma, pobl hoyw, pobl ddigartref a'r rhai oedd yn cael eu cyhuddo o osgoi gwaith. Efallai fod rhai Almaenwyr wedi croesawu gweithredoedd gormesol yn erbyn y grwpiau oedd wedi'u portreadu yn y propaganda fel rhai gwyrdroëdig, neu rai oedd yn benderfynol o ddymchwel y wladwriaeth drwy Gomiwnyddiaeth. Cafodd llofruddiaethau Noson y Cyllyll Hirion eu derbyn gan lawer fel cam rhesymol i amddiffyn y wladwriaeth.

Roedd elfennau o raglen economaidd y Natsïaid yn boblogaidd iawn. Daeth y Natsïaid i rym drwy addo darparu bara a gwaith i'r bobl. Yn y cyfnod 1933–1936, eu nod allweddol oedd lleihau diweithdra drwy fuddsoddi mewn cynlluniau i greu gwaith, fel adennill tir ac ailgoedwigo. Erbyn canol 1935, roedd diweithdra wedi lleihau o dros 6 miliwn i 2.1 miliwn.

Roedd polisïau manteisiol i Almaenwyr dosbarth gweithiol hefyd. Roedd cyflwyno taliadau yn ôl canlyniadau yn fuddiol i weithwyr ifanc iach, a sicrhaodd y mudiad Cryfder drwy Lawenydd fod cyfleusterau hamdden safonol a gwyliau ar gael i rai grwpiau o weithwyr. Roedd mesurau'n annog pobl i helpu eu cyd-ddinasyddion tlotaf, fel ymgyrch Cymorth y Gaeaf, oedd yn adlewyrchu delfrydau'r Volksgemeinschaft.

---

**Cyngor**

Dylech drin adroddiadau'r Gestapo a SoPaDe yn ofalus wrth geisio sefydlu beth oedd maint y gefnogaeth boblogaidd i'r gyfundrefn Natsïaidd. (SoPaDe oedd y Blaid Ddemocrataidd Sosialaidd yn ei halltudiaeth.)

**Cryfder drwy Lawenydd** Kraft durch Freude (KdF), neu Cryfder drwy Lawenydd, oedd cangen hamdden Ffrynt Llafur yr Almaen.

Ond er cynlluniau cymell o'r fath, mae'n debygol bod gan Natsïaeth lai o apêl i rai pobl dosbarth gweithiol hŷn o leiaf, gan fod llawer ohonyn nhw wedi bod yn aelodau o'r SPD neu'r KPD neu undebau llafur, oedd i gyd bellach wedi'u gwahardd. Byddai cefnogaeth y gweithwyr hyn yn fwy anodd ei sicrhau.

Ar y cyfan roedd y dosbarth canol yn ystyried bod y gyfundrefn yn fanteisiol i fusnesau. Gallai adwerthwyr ddisgwyl elw uwch, gan fod gwelliannau economaidd yn golygu bod gan bobl fwy o arian i'w wario. Manteisiodd rhai dynion dosbarth canol ar gyfleoedd swyddi mewn gwasanaeth sifil oedd wedi'i ehangu, tra oedd eraill yn gallu cymryd swyddi roedd menywod wedi'u gadael, neu mewn proffesiynau lle roedd Iddewon wedi'u gwahardd.

Roedd y Natsïaid yn boblogaidd gan lawer o bobl ifanc, gan eu bod yn manteisio ar ddwy agwedd gyferbyniol o feddylfryd pobl ifanc. Ar y naill law roedden nhw'n gallu apelio at ysbryd o wrthryfel, wrth iddyn nhw ymwrthod â'r byd deallusol. Ond roedden nhw hefyd yn meithrin ac yn defnyddio cenedlaetholdeb yr ifanc a'u hymdeimlad o ddyletswydd at y Famwlad. Roedd rhai menywod yn fodlon â'r anrhydedd a'r bri a roddwyd iddynt fel mamau. I ddynion ifanc, o leiaf roedd y gyfundrefn yn cynnig cyflogaeth a'r posibilrwydd o wella'u byd yn gymdeithasol.

Roedd llwyddiannau tramor yn bwydo myth y Führer, wrth iddi ddod yn amlwg bod Hitler yn y broses o adennill popeth a gollwyd yn Versailles yn 1919. Daeth yn fwy poblogaidd gyda datblygiadau fel ailarfogi, y refferendwm i ddychwelyd ardal y Saar i'r Almaen ym mis Ionawr 1935, ail-filwrio'r Rheindir yn 1936, a'r Anschluss ag Awstria a meddiannu'r Sudetenland, ill dau yn 1938. Cafodd ei statws a'i hygrededd hwb pellach gan barodrwydd gwladweinwyr Ewropeaidd i esgusodi'r gweithredoedd hyn a negodi â'r llywodraeth.

## Gwrthwynebiad

Er bod propaganda'r Natsïaid yn portreadu pobl yr Almaen yn cyd-gerdded â'i gilydd gam wrth gam, gan gyd-fynd â gweledigaeth Hitler o 'Ein Volk, Ein Reich, Ein Führer', roedd y realiti ychydig yn wahanol. Roedd degau o filoedd o Almaenwyr yn gwrthwynebu neu'n gwrthsefyll y gyfundrefn yn agored, ond gyda marwolaeth neu garcharu'n fygythiad yn erbyn unrhyw un oedd yn codi llais, doedd gwrthsefyll ddim yn opsiwn hawdd.

### Llwfrdra torfol, neu gymdeithas o wrthwynebwyr?

Roedd llawer o Almaenwyr a allai fod wedi codi llais. Ond arhoson nhw'n dawel er lles eu teuluoedd a'u ffrindiau. Yn baradocsaidd, drwy wneud hynny roedden nhw'n helpu i greu rhith o undod, oedd yn cryfhau'r wladwriaeth Natsïaidd. Oherwydd hyn, yng ngolwg rhai sylwebyddion allanol, roedd pobl yr Almaen yn euog o lwfrdra torfol. Ond mae eraill yn dadlau y bu holl bobl yr Almaen yn wrthsafwyr, gan eu bod yn byw dan warchae system estron ac adweithiol ar ffurf Sosialaeth Genedlaethol.

Mae'n debyg fod y gwirionedd rhywle yn y canol, oherwydd er bod cyswllt y Cynghreiriaid â'r mudiadau tanddaearol yn yr Almaen yn awgrymu bod gwrthwynebiad helaeth o ddau ben y sbectrwm gwleidyddol, byddai'n bosibl dehongli'r diffyg gwrthwynebiad cydlynus, trefnus, fel arwydd bod y bobl yn cefnogi'r gyfundrefn Natsïaidd. Roedd y gwrthwynebiad i'r Natsïaid yn tueddu i fod yn bytiog, gyda grwpiau gwahanol yn gwrthwynebu elfennau gwahanol o'r gyfundrefn. Ac roedd sectorau o gymdeithas oedd yn cefnogi rhai polisïau Natsïaidd ac yn casáu rhai eraill.

---

**Gwirio gwybodaeth 7**

Beth oedd ymgyrch Cymorth y Gaeaf?

---

*Ein Volk, Ein Reich, Ein Führer* Un bobl, un ymerodraeth, un arweinydd: slogan propaganda Natsïaidd.

Ond rhaid cofio bod y broses o ddiddymu sefydliadau annibynnol, fel pleidiau gwleidyddol ac undebau llafur, wedi cael gwared ar y cyfle i bobl yr Almaen sefyll gyda'i gilydd yn erbyn y Natsïaid. Mae hynny'n ffactor hynod o bwysig wrth geisio deall cydsyniad ymddangosiadol yr Almaenwyr yn y cyfnod 1933–45. Mewn sawl ffordd, roedd y gyfundrefn Natsïaidd yn gallu creu cydsyniad goddefol gan y boblogaeth drwy eu hannog i feddwl llai am wleidyddiaeth, a dileu'r sefydliadau fyddai wedi gallu cydlynu a lleisio gwrthwynebiad.

Fel y digwyddodd pethau, cafodd y rhai oedd yn amharod i ildio i awdurdod Natsïaidd eu diswyddo neu eu lladd. Cafodd elfennau gwrthwynebol eu gwaredu o'r gwasanaeth sifil, a chymerodd y Natsïaid reolaeth dros grwpiau pwyso annibynnol. Roedd sensoriaeth yn atal cyhoeddi a chylchredeg safbwyntiau gwrth-Natsïaidd. Gyda chreu'r Gwasanaeth Llafur, daeth yn fwy anodd gwrthwynebu. Yna pan ddaeth y rhyfel, atgyfnerthodd hwnnw afael y gyfundrefn Natsïaidd hefyd.

Ffactor arall, o bosibl, oedd diffyg traddodiad chwyldroadol cryf yn yr Almaen. Yn lle hynny roedd pobl wedi hen arfer ufuddhau i awdurdod.

Gellid dadlau o hyd fod y diffyg gwrthwynebiad cydlynol yn arwydd bod pobl wedi cydsynio i'r gyfundrefn i raddau helaeth. Gallech awgrymu hefyd, gan fod pobl gyffredin yn achwyn ar eu cymdogion yn rheolaidd, bod rhai Almaenwyr yn barod i anghofio'u synnwyr o foesoldeb er mwyn cefnogi'r gyfundrefn. Heb gydweithio gweithredol o'r fath, byddai wedi bod fwy neu lai yn amhosibl i'r Gestapo orfodi eu rheolaeth dros y boblogaeth.

Ond mae'n bosibl, yn achos rhai o'r bobl fu'n achwyn, mai manteisio ar y cyfle roedden nhw, am resymau hunanol fel setlo ffrae neu ddial ar rywun, yn hytrach na dangos ffyddlondeb i'r gyfundrefn. At hynny, doedd gan y rhan fwyaf o'r boblogaeth ddim cyswllt uniongyrchol â'r Gestapo na'r gwersylloedd crynhoi, gan olygu nad oedd pobl yn gweld beth roedd pobl yn gorfod ei oddef dan law y Reich.

## Gwrthwynebiad y clerigwyr

Roedd yr eglwys yn enghraifft glir o sefydliad oedd yn gallu cymeradwyo rhai polisïau Natsïaidd a gwrthwynebu rhai eraill. Er enghraifft, roedd llawer yn yr eglwys yn croesawu ymosodiadau ar Folsiefigiaeth, ond yn anghymeradwyo ymyrraeth y wladwriaeth yn eu materion nhw eu hunain. Doedden nhw ddim yn deall bod gelyniaeth y Natsïaid at Folsiefigiaeth yn rhan o'r un ideoleg fras oedd yn tanseilio rôl a safle'r eglwys.

Roedd unrhyw wrthwynebiad o gyfeiriad yr eglwys yn dod gan unigolion, yn hytrach na'r sefydliad cyfan. Roedd hyn er gwaethaf y ffaith fod eglwysi Cristnogol wedi cael cadw ymreolaeth sefydliadol, a bod gan weinidogion ac offeiriaid yr awdurdod a'r cyfle i ddylanwadu ar eu cynulleidfaoedd mewn eglwysi drwy'r wlad. Felly, roedd un o'r sefydliadau oedd â'r potensial mwyaf i greu a lleisio gwrthwynebiad i'r Natsïaid wedi methu gwneud hynny.

### Yr Eglwys Gatholig

Roedd gan yr Eglwys Gatholig botensial i sefyll yn annibynnol oddi wrth y gyfundrefn. Roedd iddi sail ryngwladol a rhwydwaith o ysgolion, clybiau a chymdeithasau, a grwpiau ieuenctid. Yn wahanol i'r grwpiau gwleidyddol, doedd dim modd diddymu'r eglwys, na'i hymgorffori yn y gyfundrefn.

Roedd yn broblem i'r gyfundrefn Natsïaidd am sawl rheswm. Roedd ei dysgeidiaeth yn mynd yn groes i bolisïau a dulliau Natsïaidd. Roedd Catholigion yn talu teyrnged i'r Pab (a'r Protestaniaid yn falch o'u traddodiad o annibyniaeth grefyddol), oedd yn awgrymu her i awdurdod Hitler. Siaradodd yr Esgob Galen yn erbyn ewthanasia ac roedd gwrthwynebiad crefyddol i ddiffrwythloni. Daeth y cwyno mor danllyd nes bu'n rhaid i Hitler wneud orchymyn cyhoeddus i ddod ag ewthanasia i ben, er ei fod yn dal i ddigwydd yn y dirgel.

Siaradodd yr eglwys Gatholig yn erbyn agweddau ar bolisi hil a allai effeithio ar deuluoedd Almaenig hefyd, fel ewgeneg er enghraifft. Ond wnaeth hi ddim herio'r ideoleg Natsïaidd sylfaenol, gan nad oedd gwrthwynebiad Catholig cyffredinol yn cynnwys polisïau gwrthsemitiaeth na Lebensraum.

### Yr eglwys Brotestannaidd

Roedd llawer o wrthwynebiad clerigwyr i'r gyfundrefn yn seiliedig ar un mater. Felly roedd hi yn achos yr eglwys Brotestannaidd, oedd yn ceisio amddiffyn egwyddorion Lutheraidd. Roedd yr eglwys Brotestannaidd yn poeni mwy am y ffordd roedd crefydd yn cael ei threfnu na moesoldeb y gyfundrefn Natsïaidd ei hun. Yr argraff gyffredinol yw bod nifer fawr o Brotestaniaid yn fodlon cyd-fynd â'r gyfundrefn, cyhyd â'u bod yn gallu cadw eu hannibyniaeth.

I grynhoi, er bod y ddwy eglwys wedi peri rhywfaint o embaras i'r gyfundrefn, ni wnaeth y naill na'r llall ddim cynnig y math o wrthwynebiad trylwyr a allai fod wedi achosi gwir anhawster.

### Gwrthwynebiad gwleidyddol: gweithredu a gwrthsefyll

Wrth greu gwladwriaeth un blaid, llwyddodd y gyfundrefn i chwalu gwrthwynebiad gwleidyddol. Ond rhaid cofio, er gwaethaf cyflymder a chreulondeb erlid y sosialwyr a'r Comiwnyddion, ei bod yn annhebygol i niferoedd mor fawr o gydymdeimlwyr adain chwith ddiflannu'n llwyr. Ond roedd nifer o'r arweinwyr a allai fod wedi annog gwrthwynebiad wedi ffoi dramor, yn enwedig i Lundain, Paris a Prâg.

A hwythau'n gwbl ymwybodol o beryglon gwrthwynebiad agored, aeth y sosialwyr oedd ar ôl ati i drefnu ymgyrch bamffledi gwrth-Natsïaidd. Yn dilyn pwysau cynyddol gan y Gestapo rhwng 1935 ac 1936, doedd y sosialwyr ddim yn gallu gwneud dim mwy na rhedeg grwpiau trafod lleol, a doedd y rhain ddim yn denu llawer o sylw gan yr awdurdodau.

Roedd gwrthwynebiad y Comiwnyddion yr un mor aneffeithiol. Roedd eu harweinwyr wedi'u herlid yn ddidostur yn dilyn Ordinhad Tân y Reichstag. Erbyn 1945, roedd dros hanner Comiwnyddion yr Almaen wedi'u carcharu neu eu harestio, ac roedd rhwng 25,000 a 30,000 wedi'u dienyddio. Felly, treuliodd y Comiwnyddion y rhan fwyaf o'u hamser yn ailadeiladu celloedd oedd wedi'u dinistrio, yn hytrach na cheisio annog aflonyddwch ac anrhefn. Mae'n wir bod y mudiad tanddaearol yn cynhyrchu deunyddiau gwrth-Natsïaidd, a chafwyd rhywfaint o ddifrod diwydiannol gan y Gerddorfa Goch. Ond gyda llofnodi'r Cytundeb Natsïaidd-Sofietaidd yn 1939, tanseiliwyd potensial y Comiwnyddion i herio'r gyfundrefn ymhellach. Roedd cyfran dda o ddinasyddion bob amser yn barod i achwyn am eu gweithgareddau. Yn gyffredinol, gan nad oedd gan y sosialwyr na'r Comiwnyddion strategaeth gyffredin, lleihaodd potensial y chwith i greu bygythiad radical i'r Natsïaid.

Cadarnhaodd y system Natsïaidd gefnogaeth iddi ei hun drwy greu sefydliadau galwedigaethol Natsïaidd fel Ffrynt Llafur yr Almaen a Chynghrair Sosialaidd Genedlaethol yr Athrawon, gan gamu i fyd addysg drwy Gynghrair Sosialaidd Genedlaethol y Myfyrwyr a Mudiad Ieuenctid Hitler.

**Ewthanasia** Yn gyffredinol mae hyn yn golygu lladd trugarog, ond yn yr Almaen Natsïaidd roedd yn air mwy dymunol i ddisgrifio llofruddiaeth ar raddfa eang.

**Ewgeneg** Y gred bod hil o bobl yn gallu cael ei gwella drwy fridio dethol.

**Lebensraum** Yn llythrennol mae'n golygu 'lle i fyw', ond mae'n cyfeirio at ehangu tiriogaethol.

**Y Gerddorfa Goch** Is-grŵp o Gomiwnyddion oedd yn gwrthsefyll drwy eu gweithgareddau gyda'r bwriad o danseilio peiriant rhyfel y Natsïaid.

**Ffrynt Llafur yr Almaen** Ar ôl dileu'r undebau llafur, cafodd holl weithwyr yr Almaen eu cofrestru yn y Deutsche Arbeitsfront (DAF) neu Ffrynt Llafur yr Almaen. Ei nod oedd rheoli'r gweithlu a datrys unrhyw anghydfod rhwng y rheolwyr a'r gweithwyr.

## *Myfyrwyr a phobl ifanc: gwrthwynebu ac anghydffurfiaeth*

Ar ôl i'r Natsïaid ddod i rym, ehangodd aelodaeth sefydliadau Mudiad Ieuenctid Hitler yn gyflym, gan chwyddo i dros 2 filiwn erbyn diwedd 1933. Y flwyddyn ganlynol, cyhoeddwyd mai Mudiad Ieuenctid Hitler oedd yr unig grŵp ieuenctid oedd yn cael ei ganiatáu yn yr Almaen, ac erbyn diwedd 1936 roedd dros 5 miliwn o aelodau. Gyda sefydliadau ar wahân i fechgyn a merched, aeth Mudiad Ieuenctid Hitler ati i'w hyfforddi nhw i wneud rôl benodol at y dyfodol, gyda hyfforddiant lled-filwrol i'r bechgyn, a'r merched yn dysgu sut i fod yn wragedd a mamau da.

Er bod llawer o bobl ifanc yn cofleidio daliadau Mudiad Ieuenctid Hitler a'i bwyslais ar hyrwyddo gwladgarwch, cenedlaetholdeb ac ufudd-dod i awdurdod, roedd eraill yn gwrthwynebu, ac yn gwrthod ymuno. Sefydlodd rhai ohonynt grwpiau oedd yn gwrthwynebu ideoleg Mudiad Ieuenctid Hitler a'r wladwriaeth, ac ymunodd eraill â nhw wedyn.

Roedd y grwpiau hyn yn cynnwys 'Môr-ladron Edelweiss', casgliad o grwpiau ieuenctid yng ngorllewin yr Almaen oedd yn gwrthwynebu ymdrechion y Natsïaid i reoli pob agwedd ar fywydau pobl ifanc. Yn wahanol i Fudiad Ieuenctid Hitler, roedd Môr-ladron Edelweiss yn annog rhyddid mynegiant, ac roedd cymysgedd o aelodau gwrywaidd a benywaidd. Yn ystod yr 1930au, eu gweithgareddau arferol oedd teithiau cerdded a gwersylla, lle gallen nhw ganu caneuon oedd wedi'u gwahardd a thrafod yn rhydd, ymhell o lygaid a chlustiau'r hysbyswyr (*informants*). Ond ar ôl i'r rhyfel ddechrau, dechreuodd yr awdurdodau amau eu bod yn lledaenu negeseuon gwrth-Natsïaidd drwy daflenni a graffiti, a dywedodd Himmler yn glir ei fod yn awyddus i weld aelodau o grwpiau bradwrus yn cael eu hanfon i wersylloedd crynhoi — ynghyd â'u rhieni, os oedden nhw wedi'u hannog — gan wrthod rhoi unrhyw addysg bellach iddyn nhw. Ddiwedd 1944, cafodd 13 o bobl eu crogi'n gyhoeddus yn Köln. Roedd chwech ohonyn nhw'n aelodau o Fôr-ladron Edelweiss.

Grŵp allweddol arall oedd y Rhosyn Gwyn ym Mhrifysgol München. Roedd ei aelodau'n dosbarthu taflenni gwrth-Natsïaidd ac yn trefnu gorymdeithiau. Oherwydd y gweithgareddau hyn, cafodd dau o'i aelodau, Hans a Sophie Scholl eu dienyddio yn 1943 gyda gilotin. Ar un adeg roedden nhw a'u brodyr a'u chwiorydd yn aelodau brwd o Fudiad Ieuenctid Hitler.

Er bod rhai wedi dadlau bod potensial i'r anghydffurfio ymysg pobl ifanc danseilio'r gyfundrefn yn raddol, mae eraill wedi casglu bod gweithgareddau fel gwrando ar jazz (oedd yn arbennig o boblogaidd gyda grwpiau Ieuenctid Swing ac Ieuenctid Jazz, pobl ifanc o gartrefi cyfoethog ar y cyfan) yn annhebygol o ddymchwel y Natsïaid. Ond mae'r driniaeth lem o grwpiau ieuenctid a wrthwynebai'r llywodraeth yn ystod y rhyfel, ac yn enwedig y dienyddio yn 1943 ac 1944, yn dangos creulondeb y gyfundrefn a'i sensitifrwydd eithafol i unrhyw heriau.

## *Gwrthwynebiad adain dde: yr heriau o'r tu mewn*

Roedd rhai elfennau o'r adain dde yn gweithredu drwy argyhoeddiad moesol a ffieidd-dod at weithgareddau'r Natsïaid. Roedden nhw'n eu gweld yn wrth-Almaenig ac yn annynol.

Gallai'r lluoedd arfog fod wedi arwain gwrthsafiad i'r gyfundrefn pe baen nhw wedi dewis hynny. Wrth reswm, byddai gwrthwynebiad ganddynt yn uchel ei risg ac yn uchel ei broffil, a doedd dim sicrwydd am y canlyniad. Ond mae angen rhoi cyd-destun i'w gwrthsafiad: y prif reswm iddyn nhw droi yn erbyn Hitler oedd bod ei fath ef o genedlaetholdeb yn rhy eithafol hyd yn oed iddyn nhw. Mae'n bosibl y byddai

Hitler cymedrol yn dderbyniol iddyn nhw, ond doedden nhw ddim yn gallu cefnogi Hitler oedd wedi gwyro y tu hwnt i reolaeth.

Roedd cynllwyn Beck yn 1938 a chynllwyn bom 1944 (sydd hefyd yn cael ei alw'n gynllwyn 20 Gorffennaf) yn enghreifftiau o ddadrithiad y lluoedd arfog. Rhaid cofio bod cynllwyn bom Stauffenberg wedi cael ei lunio yn eithaf hwyr.

Ymunodd rhai swyddogion anhapus â Chylch Kreisau, gydag aelodau oedd yn cynnwys gweithwyr proffesiynol, eglwyswyr, gwleidyddion ac ysgolheigion. Roedd gan aelodau Cylch Kreisau safbwyntiau gwleidyddol gwahanol i'w gilydd (roedd llawer yn sosialwyr Cristnogol), a gan eu bod yn gwrthwynebu defnyddio grym i ddymchwel y gyfundrefn, doedden nhw ddim yn fygythiad difrifol.

Yn y pen draw, heblaw am y fyddin, ychydig iawn o fygythiad difrifol oedd y rhan fwyaf o'r grwpiau i weithrediad y gyfundrefn Natsïaidd. Ac yn achos y rhai oedd yn gwrthwynebu Hitler — yn y fyddin, er enghraifft — doedden nhw ddim o reidrwydd yn chwilio am ddatrysiad democrataidd i broblemau'r Almaen.

Mae'n drueni, wrth gwrs, fod y rhan fwyaf o bobl yr Almaen wedi dewis cefnogi cyfundrefn Hitler tan y diwedd, oherwydd er bod llawer o Almaenwyr wedi dal i wrthwynebu'r Drydedd Reich, dim ond rhai pobl eithriadol, gyda chyfuniad o ddewrder, anobaith, dadrithiad a rhwystredigaeth yn eu cymell, oedd yn meiddio mynegi eu beirniadaeth a'u gwrthwynebiad yn agored. Ni chafwyd unrhyw weithredu torfol yn erbyn y gyfundrefn Natsïaidd. Roedd unrhyw wrthwynebiad yn fwy amlwg mewn bywyd preifat, gyda grwpiau o bobl o'r un meddylfryd yn cyfarfod yn ddirgel er mwyn cynnal eu gobeithion am ddyfodol gwell.

**Cynllwyn Beck** Cafodd Ludwig Beck, pennaeth staff byddin yr Almaen rhwng 1935 ac 1938, ei ddadrithio â'r Natsïaid. Ceisiodd berswadio Prydain i gefnogi ei gynllun i arestio Hitler yn 1938. Ond roedd Neville Chamberlain yn amheus ynglŷn ag ymyrryd, a rhoddodd llwyddiant Hitler yng Nghynhadledd München ddiwedd ar y cynllun.

## Gwirio gwybodaeth 8

Beth oedd y sbardun ar gyfer cynllwyn bom 1944?

---

## Crynodeb

Pan fyddwch wedi cwblhau'r adran hon, dylai fod gennych chi ddealltwriaeth drylwyr o ddatblygiadau pellach yn rheolaeth y Natsïaid dros yr Almaen ar ôl 1933.

- Y rhwystrau yn ffordd Hitler wrth iddo geisio rheolaeth wleidyddol lwyr ar yr Almaen, fel y system lywodraethu ddemocrataidd, yr arlywydd, y fyddin, adain radical yr SA a'r gwasanaeth sifil traddodiadol.
- Atgyfnerthu rheolaeth wleidyddol Hitler dros yr Almaen drwy gael gwared â rhyddid a mesurau diogelu cyfansoddiadol drwy gamau fel y Ddeddf Alluogi a llw teyrngarwch y fyddin.
- Trawsnewid y system wleidyddol yn yr Almaen ar ôl 1933, er enghraifft, dileu unrhyw wrthwynebiad gwleidyddol, sefydlu unbennaeth, ac effaith y stad barhaol o argyfwng.
- Natur a maint y gefnogaeth i'r gyfundrefn Natsïaidd ar ôl 1933: y grwpiau gwahanol oedd yn cynnig cefnogaeth gadarnhaol, yn cydymffurfio neu'n cydsynio â'r gyfundrefn.
- Effaith propaganda, cyflyru a braw ar fywydau pobl yr Almaen: perswadio drwy'r cyfryngau torfol, a grym uniongyrchol drwy gyfuniad o'r SS, y Gestapo a'r SD.
- Natur a maint y gwrthwynebiad a'r gwrthsafiad i'r gyfundrefn Natsïaidd ar ôl 1933, fel cwyno a mân wrthwynebiad gan yr eglwys a myfyrwyr, gweithredu gwleidyddol gan sosialwyr a Chomiwnyddion, a gelyniaeth gan grwpiau yn y fyddin.

# ■ Effaith polisïau hiliol, cymdeithasol a chrefyddol y Natsïaid 1933–45

Roedd Sosialaeth Genedlaethol yn fudiad o bobl ymylol oddi mewn i Weriniaeth Weimar. Roedd yn seiliedig ar ddadansoddiad radical, negyddol o'r system ar y pryd. Ond os oedd y Natsïaid yn gwybod beth roedden nhw'n ei erbyn, beth yn union roedden nhw eisiau ei weld yn digwydd?

Tan iddyn nhw ddod i rym yn 1933, roedd y Natsïaid wedi bodoli mewn realiti rhithiol o wrthwynebiad gwleidyddol. Doedden nhw ddim mewn gwirionedd yn deall beth oedd yn gwneud i'r Almaen weithio, nac yn gyfarwydd â realiti ymarferol llywodraethu. Fel gwrthblaid, doedd hi ddim yn bwysig iddyn nhw eu bod yn methu cyflwyno dadansoddiad deallus o'u polisïau i bobl yr Almaen. Yn wir, roedd Hitler yn rhesymu nad oedd angen cyflwyno rhaglen fanwl, oherwydd yn aml doedd dim dylanwad gan resymeg na rheswm ar farn y cyhoedd. Yn hytrach roedd eu barn yn seiliedig ar fympwy a rhagfarn.

## Volksgemeinschaft

Yr hyn oedd yn apelio at bobl yr Almaen oedd y syniad Natsïaidd o gymuned genedlaethol organig, gytûn, neu 'Volksgemeinschaft', oedd â thynged hanesyddol gyffredin a set gyffredin o gredoau gwleidyddol. Roedden nhw'n credu mai bwriad y Natsïaid oedd cyflwyno rhaglen o adnewyddu cymdeithasol llwyr, fyddai'n gwella clwyfau'r gymdeithas ar ôl camreolaeth wleidyddol Gweriniaeth Weimar. Byddai hyn yn arwain at sicrhau cymdeithas ddi-ddosbarth.

Ond roedd yn fwy tebygol bod y Natsïaid yn defnyddio'r syniad o gymuned genedlaethol i guddio'r ffaith eu bod yn bwriadu creu'r canlynol:

- cydlyniad cymdeithasol ar sail anghenion y wladwriaeth, yn hytrach na hawliau'r unigolyn
- ymateb torfol yn erbyn aelodau cymdeithas nad oedd yn eu barn nhw yn haeddu cymorth
- set gyffredin o elynion
- cymdeithas gyda'r wladwriaeth yn unig yn dewis beth oedd orau iddi
- ton anferth o ideoleg radical, fyddai'n gwreiddio hiliaeth drwy'r gymdeithas gyfan.

Roedd Hitler yn gallu gweithredu'r strategaeth hon gan iddo fabwysiadu math o wleidyddiaeth hunaniaeth, lle'r oedd tîm, llwyth, cymuned a hil yn bwysig. Ei gynllun oedd defnyddio hyn i atgyfnerthu ei bŵer, ond hefyd i ail-frandio pobl yr Almaen yn ei ddelwedd wyrdroëdig ei hun.

Doedd y gyfundrefn Natsïaidd ddim yn awyddus i gynnal deialog â phobl yr Almaen – yn hytrach, roedd yn mynnu undod a chydymffurfiaeth. Roedd y Natsïaid yn cyfeirio at broblem, ac yna'n cynllunio eu polisïau er mwyn cyfiawnhau'r camau roedden nhw'n eu cymryd i'w datrys. Y gwir plaen yn yr Almaen Natsïaidd oedd bod cyfleoedd bywyd unigolion yn dibynnu ar eu rôl yn y gymdeithas, eu hil, ethnigrwydd, crefydd, rhywedd a'u hiechyd corfforol a meddyliol.

# Ideoleg hiliol y Natsïaid

Roedd rhai yn credu bod yr hyn a ysgrifennodd Hitler yn *Mein Kampf* yn ddatganiad gwir o'i farn. Gan hynny roedden nhw'n ei ystyried yn rhywun i'w ofni, oherwydd effaith bosibl ei ideoleg ar gymdeithas. Roedd eraill yn dadlau bod ei lyfr yn gynnyrch angerdd a chwerwder, ac y byddai'n anghofio ei athroniaeth radical unwaith y byddai mewn grym.

Ond a oedd Hitler yn ddyn fyddai'n dilyn rhaglen ideolegol bendant i'w phen draw rhesymegol? Neu a oedd yn hytrach yn oportiwnydd oedd yn dymuno ennill grym, gyda chlytwaith dryslyd o syniadau?

Camsyniad yw credu bod gan y Natsïaid ideoleg ac athrawiaeth gyffredinol eang, a'u bod yn rhoi hyn ar waith yn ffyddlon. Mae realiti llywodraeth — i unrhyw blaid sydd mewn grym — yn golygu bod angen pragmatiaeth, gyda rhai pethau'n gweithio'n ymarferol, ac eraill yn methu. Ond hyd yn oed os nad oedd syniadau'n hanfodol i'r gyfundrefn neu'n sail ar gyfer gweithredu o ddydd i ddydd, roedd o leiaf un gred barhaus: sef y gred y byddai cydlyniad cymdeithasol drwy Volksgemeinschaft yn seiliedig ar egwyddorion undod hiliol a goruchafiaeth hiliol, ac y byddai'n cael ei gyflawni drwy ddefnyddio cwynion cyhoeddus yn erbyn grwpiau lleiafrifol. Dyma fyddai canlyniadau hyn:

- cenedlaetholdeb amlwg a threisgar
- gwneud sefyllfa lleiafrifoedd hiliol ac ethnig yn fwy bregus, gan greu casineb cyson at yr Iddewon, gyda thrafodaethau senoffobig am eu halltudio
- troseddoli lleiafrifoedd hiliol mewn ffordd anghymesur
- diffyg gofal a chydymdeimlad gan gyfran fawr o bobl yr Almaen, gan wrthod gweld yr hyn oedd yn digwydd o'u cwmpas
- aflonyddu hiliol dan nawdd y llywodraeth.

## Gwrthsemitiaeth mewn polisi ac yn ymarferol

Roedd yr Almaen yn gymdeithas oedd yn llawn rhagfarnau. Nid yw rhethreg bob amser yn trosi'n bolisi. Ond yn yr achos hwn fe wnaeth hynny, wrth i Hitler ei orfodi oherwydd ei obsesiynau personol.

Roedd gwrthsemitiaeth ar sail rhagfarn grefyddol neu gymdeithasol ac economaidd yn bodoli cyn y Blaid Natsïaidd. Manteisiodd Hitler ar hyn, gan ddefnyddio'r dacteg o feio problemau'r wlad ar ymddygiad neu arferion honedig y gymuned Iddewig. Drwy bortreadu rhywbeth i bobl yr Almaen fel bygythiad i'w hunaniaeth, ac atgyfnerthu hynny gyda phropaganda negyddol; drwy chwarae ar anfodlonrwydd a dicter oedd eisoes yn bodoli a sianelu hyn i gyfeiriad dinasyddion Iddewig, creodd Hitler a'r Natsïaid 'broblem' yr oedd angen 'datrysiad' iddi.

Doedd y Natsïaid ddim yn awyddus i'w polisïau gwrthsemitaidd ddechrau pigo cydwybod pobl yr Almaen. Roedd strategaeth gosod bai yn golygu bod modd cyflwyno'r camau yn erbyn pobl Iddewig fel mesurau amddiffynnol i ddiogelu'r gymuned genedlaethol. Felly roedd modd gwneud gwrthsemitiaeth yn rhywbeth sefydliadol, drwy bŵer gweithredol y wladwriaeth. Daeth polisi hiliol y cyfnod 1933–38 i'r amlwg mewn gwahanol ffyrdd, gan gynnwys cam-drin personol, trais corfforol, rhagfarn sefydliadol a gwahaniaethu deddfwriaethol.

> **Gwirio gwybodaeth 9**
>
> Sut roedd propaganda gwrthsemitaidd yn cael ei gyflwyno i bobl yr Almaen a'i weithredu gan y gyfundrefn?

## Deddfau Nürnberg: o wahaniaethu ar hap i wahaniaethu cyfreithlon

Doedd erlid yr Iddewon ddim yn ffenomen newydd, ond yn y Drydedd Reich digwyddodd i raddau na welwyd o'r blaen. Mewn ideoleg Natsïaidd, roedd person Iddewig yn antithesis llwyr i'r hyn roedd yn ei olygu i 'fod yn Almaenwyr'. Roedd yn arch elyn, ac felly roedd rhaid ei eithrio ac yna'i ddileu o gymdeithas.

O ystyried bod cynifer o aelodau cyffredin y Blaid Natsïaidd yn gryf dros wrth-Semitiaeth, doedd hi ddim yn syndod bod nifer sylweddol o ymosodiadau yn erbyn Iddewon a busnesau Iddewig wedi digwydd yn dilyn etholiad 5 Mawrth 1933. Yn dilyn y gweithredoedd digymell dychrynllyd hyn, cafwyd ymgyrch mwy strwythuredig o wahaniaethu yn erbyn targedau diamddiffyn.

Yn gyntaf trefnodd Hitler foicot cenedlaethol o fusnesau a phroffesiynau Iddewig. Mewn gwirionedd, cafodd y boicot ei anwybyddu'n helaeth ac ni chafodd fawr o lwyddiant. Yn wreiddiol roedd bwriad iddo barhau am gyfnod amhenodol. Ond yn wyneb gwrthwynebiad, penderfynodd Hitler ei gyfyngu i un diwrnod, sef 1 Ebrill 1933 — gan achub ei hunan-barch drwy gadw'r opsiwn o'i adfywio'n ddiweddarach pe bai angen.

Yn y cyfamser, roedd rhai mwy angerddol fel Julius Streicher yn *Der Stürmer* yn cynnal ymgyrch negyddol o broffilio hiliol. Helpodd hyn i feithrin gwrthsemitiaeth oddefol eang, ond ni lwyddodd yn llwyr i droi cyhoedd yr Almaen at hiliaeth ddeinamig ideoleg y Natsïaid.

Daeth yn amlwg i'r eithafwyr mai'r unig ffordd i orfodi polisi gwahaniaethol yn effeithiol oedd drwy ddeddfwriaeth systematig. I'r gweision sifil oedd yn gorfod drafftio a phrosesu'r ddeddfwriaeth, roedd hon yn ffordd dderbyniol o symud tuag at gyfraith a threfn ar ôl gweithredoedd afreolus yr SA yn erbyn yr Iddewon. Ond wnaethon nhw ddim sylweddoli bod mynediad at y gyfraith yn dibynnu ar eich statws hiliol, a hynny dan fantell cyfreithlondeb. At hynny, yn hytrach na chael ei chydlynu gan yr arweinwyr, roedd y ddeddfwriaeth wrth-Semitaidd yn dod dan ddylanwad eithafwyr y blaid mewn ffordd fwy a mwy mympwyol.

Rhwng mis Ebrill a mis Hydref 1933, cyflwynwyd cyfres o ddeddfau i wneud gwahaniaethu yn erbyn yr Iddewon yn haws. Cydsyniodd y rhan fwyaf o Almaenwyr â'r broses dameidiog hon. Roedd y broses yn tynnu statws Iddewon fel cyd-ddinasyddion a bodau dynol oddi arnynt yn eu gwlad eu hunain.

Cafodd Iddewon eu heithrio a'u diarddel o fywyd proffesiynol a diwylliannol yr Almaen mewn ffordd systematig. Cawsant eu gorfodi i adael swyddi swyddogol yn y gwasanaeth sifil a'r farnwriaeth, eu heithrio'n llwyr o'r cyfryngau, a'u tynnu, gam wrth gam, o'r proffesiynau meddygol, cyfreithiol ac addysg.

### Gwaed Almaenig a dinasyddiaeth eilradd

Roedd y syniad bwystfilaidd o wahaniaeth gwaed rhwng hil a hil yn hanfodol i ideoleg y Natsïaid, a'i syniadau am oruchafiaeth Nordig. Y gred oedd bod yr Iddewon yn llygru gwaed Almaenig ac yn halogi'r hil Ariaidd. Roedd perthnasoedd rhwng Iddewon a'r 'Ariaid' wedi bod yn bwnc emosiynol i eithafwyr Natsïaidd, ac roedden nhw'n mynnu datrysiad.

Cefndir Deddfau Nürnberg yn 1935 oedd cyfnod o adfywio'r aflonyddu a'r gwahaniaethu yn erbyn Iddewon ar lefel leol bob hyn a hyn. Roedd Deddfau

**Gwirio gwybodaeth 10**

Pwy oedd yn gwrthwynebu'r boicot busnesau Iddewig yn 1933?

**Gwirio gwybodaeth 11**

Pa ddeddfau gwahaniaethol a gyflwynwyd yn ystod 1933?

**Hil Ariaidd** yr Herrenvolk, yr hil oruchaf.

Nürnberg yn cynnig dilysrwydd cyfreithiol ychwanegol a dimensiwn newydd i wrth-Semitiaeth, gan osod sail ar gyfer gwahaniaethu hiliol systematig.

Yn eironig, mae'n bosibl fod Deddfau Nürnberg wedi bod yn rhyddhad i rai Iddewon, gan eu bod yn ymddangos fel ffordd o osod terfyn ar bolisi gwrthsemitaidd. Efallai i'r argraff ffug hon gael ei hatgyfnerthu gan y ffaith fod gwrthsemitaidd wedi'i lleihau yn ystod Gemau Olympaidd Berlin yn 1936, er mwyn cadw wyneb yn rhyngwladol. Ond roedd Deddfau Nürnberg yn golygu bod yr Iddewon, i bob pwrpas, yn ddinasyddion eilradd, ac y gallai unrhyw hawliau oedd ganddynt yn weddill gael eu dileu ddarn wrth ddarn dros y blynyddoedd nesaf.

## Kristallnacht, 1938

Os oedd rhai Almaenwyr Iddewig yn teimlo bod Deddfau Nürnberg wedi gosod cyfyngiadau ar wahaniaethu, buan iawn y cawson nhw eu siomi wrth i wrth-Semitiaeth godi i lefel newydd fwy treisgar fyth.

Cyflwynwyd Kristallnacht, neu 'Noson Torri'r Gwydr', ym mhapurau tabloid yr Almaen fel *Der Stürmer*, sef ffrwydrad naturiol o ddicter gan y bobl ar ôl i Ernst vom Rath, diplomydd yn llysgenhadaeth yr Almaen ym Mharis, gael ei lofruddio. Roedd Herschel Grynszpan, Iddew Pwylaidd 17 oed, wedi saethu vom Rath i ddial ar ôl i'w rieni gael eu halltudio o'r Almaen.

Roedd y digwyddiadau a ddilynodd yn dangos yn glir bod gwahaniaethu wedi cyrraedd lefel uwch. Llosgodd radicaliaid y blaid synagogau, ac ysbeilio eiddo. Amcangyfrifwyd bod 91 o farwolaethau, a chafodd tua 30,000 o ddynion Iddewig eu harestio a'u rhoi mewn gwersylloedd crynhoi.

Yn dilyn Kristallnacht, dirywiodd sefyllfa'r Iddewon fwy fyth wrth i nifer o ordinhadau gwahaniaethol gael eu cyflwyno. Roedd bwriad amlwg i godi cywilydd ar Iddewon yn gyhoeddus a'u dadfeddiannu. Cafwyd ymdrech systematig i leihau statws a bywoliaeth Iddewon, oedd yn cynnwys y canlynol:

- cael eu gorfodi i dalu iawndal ariannol am y difrod i eiddo
- cael eu gorfodi i ildio aur, arian a thlysau gwerthfawr
- gwahardd disgyblion Iddewig o ysgolion, sinemâu, prifysgolion, theatrau a chyfleusterau chwaraeon
- gwahardd Iddewon o ardaloedd penodol mewn dinasoedd
- gwahardd Iddewon rhag ymweld ag amgueddfeydd, theatrau, cyngherddau a phyllau nofio
- tynnu trwyddedau gyrru'n ôl
- cael eu gorfodi i ddefnyddio enwau Iddewig fel Sara.

Yn ogystal:
- daeth yn anodd i Iddewon barhau'n gyflogwyr.
- o fis Ionawr 1939, doedd Iddewon ddim yn cael rhedeg siopau adwerthu na gwneud gwaith annibynnol. Roedd modd diswyddo gweithwyr Iddewig o fusnesau gyda chwe wythnos o rybudd.
- Cafodd eiddo Iddewig ei atafaelu neu ei 'Arianeiddio'.

Gyda'r mesurau olaf hyn, roedd y Natsïaid mewn gwirionedd yn dileu gallu'r gymuned Iddewig i fodoli ar lefel faterol.

**Gwirio gwybodaeth 12**

Beth oedd effaith Deddfau Nürnberg ar Iddewon yr Almaen?

Mewn erthygl arall mewn papur tabloid Natsïaidd ar 24 Tachwedd 1938, cafwyd awgrym am ddyfodol Iddewon yr Almaen wrth i'r papur nodi y byddai Iddewon yn gorfod dechrau dibynnu ar droseddu i ennill bywoliaeth. Byddai hyn yn caniatáu i'r wladwriaeth gymryd yr hyn roedd yn ei ystyried yn gamau priodol i ddiogelu cyfraith a threfn. Unwaith eto, roedd y Natsïaid yn defnyddio'r esgus eu bod yn cynnal cyfraith a threfn i sefydlu eu math eu hunain o anrhefn.

## Ymfudo

Aeth y broses o eithrio Iddewon o bob agwedd ar fywyd yr Almaen yn ei blaen yn ddidostur. Doedd dim amheuaeth ym meddwl llawer o Iddewon y byddai eu dyfodol yn llwm iawn pe baen nhw'n aros yn yr Almaen.

Yn sgil y gweithredoedd brawychus hyn ar hap, a boicot 1933, penderfynodd tua 40,000 o Iddewon yr Almaen fod yr ysgrifen ar y mur o ran cyfeiriad gwrthsemitiaeth y Natsïaid. Felly, aethon nhw ati ar unwaith i ymfudo. Dechreuodd llif cyson o bobl adael, a gwthiodd noson Kristallnacht a'i chanlyniadau lawer mwy o Iddewon i ystyried ymfudo fel opsiwn. Yn wir, erbyn dechrau'r rhyfel yn 1939, dim ond tua traean o'r 500,000 o Iddewon Almaenig gwreiddiol oedd ar ôl yn yr Almaen.

Er gwaethaf nod Reinhard Heydrich o daflu'r holl Iddewon allan o'r Almaen, doedd pawb ddim yn awyddus i adael. Roedden nhw'n eu gweld eu hunain yn Almaenwyr gwladgarol oedd â budd hanesyddol yn y wlad. Er eu bod yn cael eu heithrio i bob pwrpas o fywyd economaidd y wlad, roedden nhw'n dal i wrthsefyll y pwysau i ymfudo oedd yn dod o gyfeiriad Swyddfa Ganolog y Reich ar gyfer Ymfudo Iddewig, a Phrif Swyddfa Diogelwch y Reich dan ofal Eichmann.

Ond i'r rhai oedd yn dymuno gadael, roedd polisi'r Natsïaid fel pe bai'n gwrth-ddweud ei hun yn ynfyd, oherwydd roedd yn gwneud yr Iddewon oddi mewn i'r Almaen yn dlawd ac ar yr un pryd yn eu gorfodi i dalu treth ymfudo i sicrhau ffordd allan o'r wlad. Os oedden nhw'n byw mewn tlodi, sut roedden nhw'n mynd i allu talu i adael? Roedd eraill yn awyddus i adael, ond yn cael problemau eraill gan fod gwledydd tramor yn gosod rhwystrau rhag gorfod derbyn nifer diderfyn o ffoaduriaid Iddewig.

Trodd y polisi Natsïaidd o orfodi ymfudo yn fater o ffars, wrth greu cynlluniau i ail-leoli Iddewon o gwmpas dinas Lublin yng ngwlad Pwyl ac yn ddiweddarach ar ynys Madagascar. Cyfeiriodd Heydrich at y cynigion allanol hyn fel datrysiad tiriogaethol terfynol i'r cwestiwn Iddewig.

Roedd gwrthsemitiaeth wedi cael ei datgan yn agored yn rhaglen 25 Pwynt Sosialaeth Genedlaethol yn 1920, ac yng nghyfrol wenwynig *Mein Kampf* yn 1925. Roedd wedi'i gosod yn bendant yn Neddfau Nürnberg yn 1935, ac roedd bellach wedi'i hamlygu'n glir yn nigwyddiadau Kristallnacht yn 1938. Mae modd dadlau felly fod gwrthsemitiaeth Hitler wedi cael ei thrawsnewid yn bolisi ac yn realiti ymarferol wrth i'r cyfleoedd godi.

## Polisïau tuag at bobl anghymdeithasol

### Rheoleiddio cymdeithasol ac ewgeneg negyddol

Roedd y term 'anghymdeithasol' (*asocial*) yn derm hyblyg iawn. Roedd y Natsïaid yn ei ddefnyddio ar gyfer pawb oedd yn cael ei gyfrif y tu allan i normau cymdeithasol y gymuned Natsïaidd genedlaethol – gan gynnwys cardotwyr, troseddwyr cyson, pobl oedd yn cael eu hystyried yn 'amharod i weithio', pobl alcoholig, gweithwyr rhyw a hyd yn oed troseddwyr ifanc.

Roedd y grwpiau hyn yn cael eu hystyried yn faich ar les cymdeithasol, ac yn fygythiad i'r drefn gyhoeddus. Roedd y Natsïaid yn eu hystyried yn gynnyrch bioleg troseddol. Doedd unigolion oedd â phroblemau cymdeithasol penodol yn cyfrif dim o fewn ideoleg Sosialaidd Gymdeithasol, pan oedd amddiffyn y gymuned genedlaethol yn y fantol.

I'r Natsïaid, roedd adfer purdeb hiliol drwy ewgeneg yn gam hanfodol wrth greu'r Volksgemeinschaft. Roedd unrhyw gamau gan y llywodraeth mewn perthynas â pholisi cymdeithasol, felly, bob amser yn cael eu hystyried yn nhermau eu budd i'r hil a'r genedl. Er enghraifft, roedd pobl hoyw yn cael eu trin fel pobl anghymdeithasol am nad oedden nhw'n bodloni disgwyliadau'r Natsïaid o fywyd teuluol Almaenig nodweddiadol – yn yr un modd â phobl Sinti a Roma, oedd ddim yn cydymffurfio â'r stereoteip Ariaidd.

### Diffrwythloni gorfodol ac ewthanasia dethol

Yn 1934, cyflwynodd y Natsïaid Ddeddf Atal Plant â Chlefydau Etifeddol. Roedd hon yn awdurdodi diffrwythloni gorfodol ar yr holl bobl oedd yn y categori 'clefydau etifeddol'. Roedd hwn yn aml yn gategori digon amwys. Penderfynwyd bod y bobl hyn yn aneffeithlon i gymdeithas.

Daeth y Natsïaid yn gyfrifol am lofruddio nifer fawr o ddynion, menywod a phlant ag anableddau neu â salwch meddwl. Roedden nhw'n cael cymorth gan feddygon a nyrsys oedd yn credu yng nghywirdeb moesol yr hyn roedden nhw'n ei wneud.

Erbyn 1941 roedd dros 70,000 o oedolion claf wedi'u llofruddio gan y **rhaglen Aktion T4**. Gan weithredu o dŷ swbwrbaidd yn Tiergartenstrasse 4, Berlin, roedd tîm o aseswyr 'arbenigol' yn nodi ac yn dewis eu prae. Cafodd Gwasanaeth Cludo Cleifion Cymunedol ei greu yn arbennig er mwyn eu cludo i un o chwe ysbyty, lle bydden nhw'n cael eu lladd. Dechreuodd y rhaglen Natsïaidd hon yn 1939, a dyma'r gyntaf i ddefnyddio nwy gwenwynig i ladd ei dioddefwyr. Erbyn 1945 roedd 6,000 o fabanod, plant a phobl ifanc yn eu harddegau hefyd wedi'u llofruddio. Penderfynwyd nad oedd y dioddefwyr yn haeddu byw, neu fel roedd rhai gwerslyfrau ysgol yn ei hawlio, doedden nhw ddim yn bwyta digon.

Codwyd amheuon pan ddaeth marwolaethau mewn sefydliadau seiciatrig yn ddigwyddiadau cyffredin, a hynny heb esboniad. Er mwyn tawelu'r gwrthwynebiad cyhoeddus cynyddol, daeth y Natsïaid â'r rhaglen i ben yn swyddogol ym mis Awst 1941. Ond parhawyd i lofruddio plant – nid yn gymaint drwy law y wladwriaeth, ond gydag anogaeth y wladwriaeth.

Mae rhai wedi honni hefyd bod mwy o blant wedi marw ar ôl i'r rhaglen T4 ddod i ben na phan oedd yn weithredol. Ond nid oedd y dioddefwyr yn cael eu gwenwyno â nwy – yn hytrach roedden nhw'n marw o newyn neu chwistrelliadau marwol.

Yn ogystal, dewiswyd hyd at 50,000 o bobl o wersylloedd crynhoi ar sail salwch meddwl, anallu corfforol neu darddiad hiliol dan raglen ar wahân gyda'r cod 14F13. Y rhif hwn oedd cyfeirnod Arolygydd y Gwersylloedd Crynhoi.

# Polisïau cymdeithasol

Yn ei hanfod, mae polisi cymdeithasol yn ymwneud â sefydlu ffiniau mewn cymdeithas. Er bod rhoi polisïau ar waith yn bwysig, eu cadw yn eu lle yw'r allwedd ar gyfer cynnal trefn, disgyblaeth a chydymffurfiaeth gyffredinol mewn cymdeithas.

**Rhaglen Aktion T4**
Rhaglen ewthanasia'r Natsïaid, gafodd ei gweithredu yn erbyn pobl ag anableddau a rhai afiechydon etifeddol a meddyliol. Dechreuodd yn 1939, a dyma'r tro cyntaf i'r Natsïaid ddefnyddio nwy gwenwynig (ymhlith dulliau eraill) i lofruddio eu dioddefwyr.

**Cyngor**

Daeth mesurau'r Natsïaid yn erbyn lleiafrifoedd hiliol a chymdeithasol yn fwy eithafol wrth i amser fynd rhagddo.

Aeth y Natsïaid â pholisi cymdeithasol gam ymhellach drwy geisio rheoli ymddygiad pobl. Roedden nhw'n ceisio sicrhau undod meddwl a gweithred o fewn cymdeithas yr Almaen. Ni chafodd unrhyw grŵp cymdeithasol ei anghofio, a doedd dim byd yn cael ei adael i ddibynnu ar ffawd.

## Pobl ifanc

Dylai unrhyw gymdeithas geisio annog pobl ifanc i ddatblygu meddyliau bywiog, ymholgar, a nodweddion fel persbectif, treiddgarwch a hunanymwybyddiaeth.

Nid fel hyn roedd hi yn y Drydedd Reich. Yno, y prif nod oedd cau meddyliau a thynnu pobl ifanc i mewn i ethos y Natsïaid. Roedd y Natsïaid yn awyddus i sefydlu hil o bobl oedd yn gwneud, yn hytrach na meddwl. Byddai dysgu bellach yn seiliedig ar yr egwyddor o ofyn a oedd rhywbeth yn cyd-fynd ag ysbryd Sosialaeth Genedlaethol neu beidio, yn hytrach na gofyn a oedd yn wir ac yn gywir. Ailysgrifennwyd gwerslyfrau i hyrwyddo syniadau o fawredd Almaenig a goruchafiaeth Ariaidd. Roedd rhaid i athrawon ymuno â Chynghrair yr Athrawon Sosialaidd Genedlaethol, a diswyddwyd athrawon Iddewig.

Er mwyn gallu dechrau gwrthsefyll propaganda, yn gyntaf mae'n rhaid i chi ddysgu sut i'w adnabod. Yn yr Almaen Natsïaidd fodd bynnag, roedd y Natsïaid yn awyddus i atal pobl ifanc rhag meithrin y sgiliau i wneud hyn. Roedd hynny'n creu posibilrwydd bod pobl ifanc yn fwy agored i apêl Hitler na'r genhedlaeth hŷn, oedd yn fwy tebygol o ddal i gredu mewn hen syniadau am ddosbarth a theyrngarwch oedd wedi'u hen sefydlu.

Rhwng 1933 ac 1945, aeth tri grŵp oedran gwahanol drwy flynyddoedd glasoed, sef 14 i 18 oed, a chafodd pob grŵp brofiadau gwahanol.

- Roedd glasoed y cyfnod 1933–36 wedi byw drwy argyfwng economaidd yr 1930au cynnar, ac roedden nhw'n agored i syniadau Volksgemeinschaft a manteision y rhaglen ailarfogi. Y rhain oedd y cyntaf i ymuno â Mudiad Ieuenctid Hitler.
- Roedd pobl ifanc yn ystod 1936–1939 yn dangos ôl Sosialaeth Genedlaethol arnyn nhw, ar ôl bod drwy raglen Mudiad Ieuenctid Hitler. Iddyn nhw, roedd bywyd yn rhagweladwy, a doedd dim llwybr arall ar gael. Roedd Mudiad Ieuenctid Hitler yn ei gyflwyno ei hun fel lloches rhag awurdod traddodiadol y cartref a'r ysgol.
- Yn y blynyddoedd rhwng 1939 ac 1945, cyfyngodd y rhyfel ar allu Mudiad Ieuenctid Hitler i ddarparu gweithgareddau hamdden. Bu'n rhaid i'r aelodau gyflawni dyletswyddau rhyfel, fel helpu gydag ymdrechion i achub pobl ar ôl cyrchoedd awyr. Erbyn diwedd y rhyfel, roedd rhaid i rai bechgyn ifanc 14 a 15 oed ymladd y Cynghreiriaid oedd yn dod i mewn i'r wlad.

Mae Tabl 4 yn dangos ymatebion cyferbyniol gan bobl ifanc i syniadau a gorchmynion Natsïaidd.

**Tabl 4** Ymatebion pobl ifanc i Ideoleg y Natsïaid

| Ideoleg y Natsïaid | Ymatebion cadarnhaol | Ymatebion negyddol |
|---|---|---|
| Rôl newydd i bobl ifanc yn yr Almaen Natsïaidd | Roedd Sosialaeth Genedlaethol yn honni ei bod yn cael gwared ar hen wareiddiad blinedig, ac yn gosod un newydd yn ei le, gan roi gobaith i rai o bobl ifanc yr Almaen. Roedd yn awgrymu y byddai'r genhedlaeth newydd yn cymryd lle'r un hŷn. | Addawyd swyddi a chyflogau da i bobl ifanc o fewn gweinyddiaeth a chyfundrefn y blaid, ond wnaeth y rhain ddim ymddangos. Daeth gwrthwynebiad drwy gyfrwng is-ddiwylliannau pobl ifanc, ac yn ddiweddarach drwy grwpiau fel Môr-ladron Edelweiss. Tyfodd adwaith yn erbyn Mudiad Ieuenctid Hitler. Llwyddodd bron 25% o bobl ifanc i osgoi dod yn aelodau o Fudiad Ieuenctid Hitler erbyn 1939. |
| Dod yn rhan o gymdeithas newydd | Denwyd pobl ifanc gan egni a newydd-deb y mudiad, a'r syniadau gor-syml oedd yn cael eu cyflwyno iddyn nhw hefyd. Roedd y Natsïaid yn apelio at reddf y dorf. Roedd yr awyrgylch o undod (yn erbyn gelynion cyffredin) yn ddeniadol i lawer. | Roedd nifer yn teimlo'n anfodlon eu bod yn colli eu rhyddid, ac yn anfodlon hefyd â'r awdurdod roedd patrolau Mudiad Ieuenctid Hitler o'r un oed â nhw yn ei hawlio drostyn nhw. Nid oedd pob person ifanc yn fodlon cael ei siapio yn ôl cynllun Sosialaeth Genedlaethol. |
| Cofleidio ideoleg genedlaetholgar | Roedd y pwyslais ar wladgarwch yn canu cloch ymysg llawer o bobl ifanc. Roedd Hitler yn galw ar bobl ifanc i gymryd rhan mewn ymgyrch foesol yn ymwneud â dyletswydd, ffydd ac anrhydedd. Roedd yn apelio at ysbryd aflonydd pobl ifanc ac yn rhoi rhan iddyn nhw ei chwarae wrth gyflawni uchelgais Hitler i ehangu ei diriogaeth. | Roedd y system addysg yn hyrwyddo ideoleg genedlaetholgar a hiliol. Roedd y cwricwlwm diwygiedig yn diflasu rhai plant yn yr ysgolion. Doedd dim deunydd darllen ar gael iddyn nhw, na thrafodaethau rhydd. Doedd syniadau gwahanol byth yn cael eu trafod. |
| Ufudd-dod i'r wladwriaeth uwchlaw popeth | Os oedd eu rhieni yn gwrthwynebu'r Natsïaid, aeth rhai plant ati i wrthryfela yn eu herbyn ac achwyn arnyn nhw, gydag anogaeth eu hysgolion a Mudiad Ieuenctid Hitler. Roedd rhai pobl ifanc yn mwynhau'r ymdeimlad cryf o fod yn rhan o deulu o gyfoedion fel rhan o Fudiad Ieuenctid Hitler. Creodd y mudiad ymwybyddiaeth o 'ni sy'n perthyn'. Rhoddodd y cyfle cyntaf, hefyd, i rai allu mwynhau gweithgareddau hamdden. | Yn aml byddai pobl ifanc yn dewis gwrando ar ffynonellau gwahanol o wybodaeth a gwerthoedd, er enghraifft gan yr eglwys neu drwy lenyddiaeth, gan guddio hyn rhag pobl eraill. Y mwyaf o bŵer oedd gan Fudiad Ieuenctid Hitler, y mwyaf yr arweiniodd at ymateb gwrthryfelgar gan rai pobl ifanc. Dechreuodd pobl ifanc droi oddi wrth weithgareddau hamdden wedi'u trefnu gan Fudiad Ieuenctid Hitler, gan ddewis eu dull llai disgybledig eu hunain neu chwilio am ffyrdd gwahanol o fyw. Ymunodd rhai (pobl ifanc dosbarth canol yn eu harddegau ar y cyfan) â grwpiau fel Ieuenctid Swing ac Ieuenctid Jazz, gan ddawnsio i gerddoriaeth jazz waharddedig mewn clybiau. |
| Athroniaeth addysg y Natsïaid | Roedd rhai pobl ifanc yn mwynhau'r ffaith bod y Natsïaid yn ymwrthod â meddwl deallusol. Doedd dim pwysau i fod yn glyfar — yn hytrach, roedd dirmyg dwys tuag at ddysgu. Roedd hyrwyddo chwaraeon mewn ysgolion yn cyd-fynd â'r ethos wrth-academaidd hon. | Cafodd creadigrwydd a'r gallu i feddwl yn annibynnol eu dileu. Roedd pobl ifanc yn teimlo eu bod wedi cyfyngu'n sylweddol o ran addysg, wrth i gwricwlwm dan reolaeth y Natsïaid gymryd lle dysgu gwirioneddol. Digiodd rhai pobl ifanc yn erbyn y disgyblu a'r mân gyfyngiadau a osodwyd gan y gyfundrefn drwy'r ysgolion a Mudiad Ieuenctid Hitler. |
| Cydymffurfio â'r ddelfryd Natsïaidd | Gan fod y polisi yn erbyn rhai oedd yn gwrthod cydymffurfio â'r ddelfryd Natsïaidd mor llym, gwnaeth hynny argraff ar rai pobl ifanc. Pam byddai unrhyw un yn dymuno bod yn wahanol, oni bai eu bod yn elynion i bobl yr Almaen? | Roedd pob gêm, pob darn o gelf a chrefft, a phob profiad yn cael ei fesur yn erbyn y rhagdybiaeth o ddelfryd Natsïaidd. |

# Menywod

Roedd cyfansoddiad 1919 Gweriniaeth Weimar wedi rhoi'r bleidlais i fenywod a datgan eu bod yn gydradd â dynion. Roedd yn ymddangos bod rhyddid ar ei ffordd i fenywod yr Almaen ar ôl caethiwed cyfnod Wilhelm.

- Roedd cyfleoedd addysgol wedi gwella'n fawr.
- Roedd byd busnes a'r proffesiynau wedi agor i fenywod.
- Yn yr 1920au roedd 11 miliwn o fenywod yn gweithio'n llawn amser.
- Erbyn diwedd cyfnod Weimar, roedd traean o'r holl weithlu yn fenywod.

Ond roedd y gwirionedd yn bur wahanol, a'r datblygiadau yn statws menywod yn fwy o rith na realiti.

- Roedd y rhan fwyaf o'r menywod yn dal i wneud swyddi gwaith llaw, gwasanaeth domestig neu swyddi coler gwyn.
- Roedd traean o'r holl fenywod yn gynorthwywyr di-dâl ar ffermydd neu mewn busnesau teuluol.
- Prin iawn oedd y cyfleoedd am ddyrchafiad.
- Roedd y rhan fwyaf o weithwyr benywaidd di-briod, ac roedd menywod priod yn tueddu i aros gartref.

Yng ngoleuni'r profiadau hyn, er gwaethaf rhywfaint o gynnydd, byddai modd dadlau nad oedd cyflogaeth yn ddim mwy na cham rhwng ysgol a phriodi i'r mwyafrif o fenywod yr Almaen.

Roedd ideoleg y Natsïaid mewn lle da i fanteisio ar hyn, am ei bod yn ei hanfod yn gwrthwynebu rhyddid cymdeithasol ac economaidd i fenywod. Roedd y polisi Natsïaidd yn ormesol ac yn adweithiol, ac yn seiliedig ar y farn fod gan ddynion a menywod rolau gwahanol i'w chwarae mewn cymdeithas oherwydd eu gwahaniaethau naturiol. Roedd y Natsïaid yn awyddus i dynnu menywod o'r holl wasanaethau cyhoeddus, ac arweiniodd eu polisïau at dynnu menywod o fywyd cyhoeddus.

Cyfeiriwyd gan rai at y polisi hwn fel math o hiliaeth eilaidd, gan ei fod yn arwain at ostwng statws menywod. Ond mae'n gwestiwn a oedd holl fenywod yr Almaen yn ystyried eu rôl newydd yn y termau hyn. Er bod rhai'n ddig ar ôl cael eu tynnu o sawl sector cyflogaeth, yn enwedig y proffesiynau, roedd eraill yn cael eu denu gan ddelwedd ddelfrydol Hitler o'r fam.

## Hyrwyddo mamolaeth

Dechreuodd y gyfundrefn ar gyfres o fesurau i annog menywod i adael y proffesiynau, priodi a chael plant, gyda chanlyniadau oedd i'w gweld yn llwyddiannus iawn. Wrth edrych ar y dystiolaeth ystadegol, fel sydd i'w gweld yn Nhabl 5 isod, mae'n ymddangos bod ideoleg Natsïaidd wedi llwyddo yn yr hyn oedd yn cael ei alw'n 'frwydr y geni'.

**Tabl 5** Niferoedd priodasau a genedigaethau mewn pedair blwyddyn benodol rhwng 1932 ac 1939

| Blwyddyn | Priodasau | Genedigaethau |
|---|---|---|
| 1932 | 516,793 | 993,126 |
| 1935 | 651,435 | 1,263,976 |
| 1938 | 645,062 | 1,348,534 |
| 1939 | 772,106 | 1,407,490 |

**Cyngor**

Bydd angen trin tystiolaeth ystadegol sy'n ymwneud ag unbenaethau yn ofalus bob amser, ac ni ddylech ei hystyried ar ei phen ei hun. Fel hanesydd, bydd angen i chi ystyried ffactorau cymdeithasegol, personol a seicolegol eraill a ddylanwadodd ar dwf cyfraddau priodi a geni yn yr Almaen Natsïaidd.

Ond ni ddigwyddodd y gyfradd uwch o enedigaethau o ganlyniad i ymgyrch ideolegol yn unig. Yn hytrach, roedd wedi'i sbarduno gan bolisi oherwydd y canlynol:

- cafodd erthylu ei wneud yn anghyfreithlon
- caewyd clinigau rheoli genedigaethau
- cyfyngwyd y dulliau atal cenhedlu oedd ar gael
- cynigiwyd cymhelliant ariannol i fenywod briodi a chael plant
- rhoddwyd mwy o gymorth lles i fenywod
- cynigiwyd gwobrau symbolaidd, fel Croes y Fam.

Roedd Hitler, wrth gwrs, mewn sefyllfa i orfodi ei weledigaeth ar fenywod, yn ôl ei syniad o'u rhan nhw wrth adeiladu Reich y Mil Blynyddoedd.

## Tynnu menywod allan o'r gweithlu

Roedd polisïau'r Natsïaid at fenywod yn y gweithle yn cynnwys y canlynol:

- Cafodd menywod priod eu diswyddo.
- Daeth ymgyrch i glirio proffesiwn y gyfraith i benllanw yn 1936, wrth wahardd menywod rhag gweithio fel barnwyr, erlynwyr nac aseswyr.
- Lleihaodd nifer yr athrawon benywaidd mewn ysgolion cynradd, a chwtogwyd nifer y menywod a aeth i brifysgolion.
- Rhoddwyd benthyciadau di-log i fenywod oedd yn barod i ildio eu swyddi a phriodi, neu lle'r oedd cyflogaeth ddwbl yn y teulu.

Diben menywod oedd geni plant er mwyn adeiladu dyfodol y Drydedd Reich a sicrhau parhad y diwylliant Natsïaidd. Byddai'r neges hon yn cael ei hatgyfnerthu gan sefydliadau Natsïaidd i fenywod fel Cynghrair Sosialaidd Genedlaethol y Menywod, yr NS-Frauenschaft.

## Atgyfnerthu'r rôl Natsïaidd

Tasg sefydliadau'r menywod oedd annog menywod yn eu rôl 'naturiol' drwy raglenni diwylliannol, addysgol a chymdeithasol. Roedd yr NS-Frauenschaft yn sianel allweddol o bropaganda Natsïaidd, drwy ei weithgareddau a'i gylchgrawn, *NS-Frauen-Warte*. Cafodd llawer o fenywod eu swyno gan rethreg y Natsïaid, oedd yn dyrchafu eu rôl a'u cyfrifoldebau dros Kinder, Küche, Kirche. Does dim llawer o dystiolaeth bod nifer o fenywod ar y pryd wedi gwrthwynebu'r agwedd swyddogol hon: daeth ffigurau oedd yn flaenllaw ym mudiad y menywod cyn 1933, hyd yn oed, i gefnogi'r Natsïaid.

Roedd rôl menywod fel gwragedd a mamau cefnogol yn cael ei darlunio'n elfen hanfodol i greu cymdeithas sefydlog, ac roedd eu parodrwydd i aberthu rhyddid unigol yn cael ei ystyried yn hanfodol ar gyfer lles pwysicaf y genedl. Ond arweiniodd at ymyrraeth gan y wladwriaeth yn eu bywydau preifat na welwyd ei debyg erioed. Doedd y wladwriaeth Natsïaidd ddim yn dangos fawr o ddiddordeb mewn menywod sengl, ar wahân i'w potensial i briodi a chael plant. Mewn ysgolion cafwyd cyrsiau gorfodol i ferched mewn bioleg a gwyddor y cartref, ymwybyddiaeth hiliol a phwyslais cynyddol ar ffitrwydd corfforol.

Rhoddwyd statws uwch i famau dibriod, oedd yn dioddef stigma ar y pryd yn y rhan fwyaf o wledydd Ewrop, drwy ymgyrch Lebensborn. Roedd cenhedlu plant â 'gwaed da' mor werthfawr nes i'r ddelwedd o'r fam ddibriod gyda phlentyn anghyfreithlon gael ei hail-greu yn un oedd er lles y gymuned Almaenig. Yn ôl Himmler, byddai dynion 'hiliol berffaith' yn cael eu tynnu o'r SS i fod yn gynorthwywyr cenhedlu.

**Gwirio gwybodaeth 13**

Beth oedd Croes y Fam?

Kinder, Küche, Kirche Plant, cegin, eglwys: dyma oedd prif alwedigaethau a phryderon menywod, i fod, yn y Drydedd Reich.

Lebensborn Ffynnon bywyd: rhaglen wedi'i noddi gan y wladwriaeth i sicrhau bod plant â gwaed Almaenig pur yn cael eu cenhedlu, dim ots beth oedd clymau priodasol pobl.

Yn y pen draw, arweiniodd hyn at lawer o fenywod yr Almaen yn cyd-fynd ag ideoleg gwladwriaeth hiliol. Mae hyn wedi arwain at ail-werthuso rôl menywod yn y Drydedd Reich, a rhoddwyd y gorau i'w hystyried yn ddim mwy na dioddefwyr goddefol mewn system wleidyddol warthus. Ond rhaid pwysleisio hefyd fod menywod oedd yn hiliol 'israddol', neu fenywod anghymdeithasol, yn ddieithriad wedi dioddef hanes hir o gam-drin eu hawliau dynol, fel diffrwythloni dan law'r wladwriaeth Natsïaidd.

## Ailgyflwyno menywod i'r gweithlu

Er gwaethaf y bri a roddwyd ar fenywod fel gwragedd a mamau, tanseiliwyd y sefyllfa ideolegol hon yn ddiweddarach oherwydd diwydiannu cynyddol ac ehangu'r economi. Arweiniodd hyn at roi rhan gymdeithasol ac economaidd newydd i fenywod, yn enwedig yn ystod yr Ail Ryfel Byd. Cynyddodd y nifer o fenywod oedd yn gweithio o 4.52 miliwn i 5.2 miliwn rhwng 1936 ac 1938 yn unig.

Erbyn mis Mai 1939, roedd 14.6 miliwn o fenywod wedi dod yn rhan o'r gweithlu sifil. Erbyn mis Medi 1944 roedd hyn wedi cynyddu i 14.9 miliwn. Wrth i'r gyfundrefn symud at ryfel, roedd rhaid i fenywod gyfuno rôl mam, gwraig tŷ, aelod o'r blaid a gweithiwr diwydiannol. Roedd disgyblaeth filwrol i'w chael mewn ffatrïoedd, gan ddangos holl rym diamwys y wladwriaeth i fenywod, am y tro cyntaf efallai.

Wrth i'r gofynion ar fenywod gynyddu, doedd dim amheuaeth fod rhai menywod yn wynebu realiti polisi'r Natsïaid gyda dicter tawel, gan ei oddef yn hytrach na'i gefnogi'n frwd a gwlatgar.

Heb amheuaeth, er bod rhai menywod yn cydweithredu â'r Drydedd Reich, doedd eraill ddim yn fodlon gwneud hynny. Yn y pen draw, fodd bynnag, roedd llawer o fenywod yr Almaen wedi chwarae rhan weithredol yn y mudiad Natsïaidd, a rhan debyg wrth helpu i wneud y rhyfel a'i ganlyniadau yn bosibl.

## Gweithwyr

Roedd y Natsïaid yn gwybod y byddai'r economi'n dymchwel pe bai'r gweithlu cyfan yn troi yn erbyn y system. Felly, er mwyn sicrhau twf economaidd a sefydlogrwydd cymdeithasol, roedd Hitler yn gwbl ymwybodol bod angen clymu'r gweithwyr at y wladwriaeth Natsïaidd. Roedd yn awyddus i gael cenedl Almaenig gref, unedig lle byddai gan y gweithwyr rôl barchus ond israddol.

Ond er gwaethaf y rhethreg oedd yn dyrchafu urddas llafur a chydraddoldeb pob Almaenwr, ni wellodd statws gweithwyr yr Almaen. Cynigiodd Hitler waith a gwell cyflogau ac amodau iddyn nhw, ond heb undebau llafur a'r gallu cyfreithiol i streicio, roedd yn annhebygol y byddai gweithwyr yn gallu sicrhau'r buddiannau hyn yn y tymor hir. Yn 1939, hyd yr wythnos waith ar gyfartaledd oedd 47 awr. Cynyddodd hyn i 52 awr erbyn 1943. Roedd rhai gweithwyr yn derbyn y cynnydd gan eu bod yn teimlo dyletswydd wladgarol i ymateb i flaenoriaethau Natsïaidd. Ond y symbyliad i weithwyr eraill oedd yr angen i ennill arian.

Creodd y Natsïaid ddelwedd ddelfrydol o waith, ond doedd ymateb y gweithwyr ddim bob amser yn gadarnhaol. Mae Tabl 6 yn dangos rhai o'r gwahanol effeithiau a gafodd polisïau penodol ar weithwyr.

**Tabl 6** Effeithiau cadarnhaol a negyddol polisïau gweithle a chyflogaeth y Natsïaid

| Polisi'r Natsïaid | Effaith cadarnhaol ar weithwyr | Effaith negyddol ar weithwyr |
|---|---|---|
| Gwahardd undebau llafur | Gallai colli pŵer yr undebau llafur fod wedi cael llai o effaith seicolegol ar weithwyr iau, gan nad oedden nhw wedi cael y profiad o fod yn aelod o undeb. | Roedd gweithwyr dan bwysau i ymuno â Ffrynt Llafur yr Almaen, undeb llafur dan gyfarwyddyd y Natsïaid. Diben hwnnw mewn gwirionedd oedd trefnu llafur. I'r gweithwyr hŷn, roedd hyn yn amharu ar eu rhyddid. |
| Sefydliadau'r gweithlu | Roedd rhai ymatebion negyddol i'r broses ailarfogi, ond cafodd y rhain eu lleddfu gan gynigion i gymell gweithwyr – fel cyflogau uwch, digwyddiadau diwylliannol, projectau tai, rhwydweithiau cymorth cymdeithasol ac ariannu teithiau a gweithgareddau Cryfder drwy Lawenydd.<br><br>Gyda'r mesurau hyn, roedd yn ymddangos bod y Natsïaid yn gwneud rhywbeth cadarnhaol i'w gweithwyr. | Efallai fod y cyflogau wedi cynyddu, ond roedd hyn yn bennaf o ganlyniad i'r cynnydd mewn oriau gwaith.<br><br>Roedd rhai mesurau i bob golwg wedi'u cynllunio i wella iechyd a lles y gweithwyr, ond roedden nhw hefyd o fudd i'r wladwriaeth drwy wneud gwaith yn fwy cynhyrchiol.<br><br>Roedd y gweithgareddau hamdden a ddarparwyd gan fudiad Cryfder drwy Lawenydd yn cynnig cyfleoedd pellach i'r wladwriaeth reoleiddio bywyd cymdeithasol pobl, a gorfodi gwerthoedd Natsïaidd.<br><br>Roedd propaganda cymunedol cenedlaethol yn dechrau cael llai o effaith ar y gweithwyr. Cafwyd streiciau yn 1936. |
| Lleihau diweithdra | Roedd cael swydd ddiogel yn bwysicach i lawer o bobl na'r hawl i fargeinio'n rhydd ar y cyd, neu ystyried a oedd cyflogau'n codi neu'n gostwng. Roedd gweithwyr yn cofio diflastod diweithdra yn ystod y Dirwasgiad.<br><br>Yr unig beth roedd llawer o bobl yn dymuno ei wneud oedd ennill arian a pharhau â'u bywydau. Os dyma'r unig rodd y gallai Sosialaeth Genedlaethol ei chynnig iddyn nhw, dyna ni. | Doedd dim llawer o ryddid gan weithwyr i ddewis eu galwedigaeth, na llawer o ryddid i symud.<br><br>Heb amheuaeth roedd llawer o weithwyr yn parhau'n amheus os nad yn elyniaethus i'r gyfundrefn wrth iddyn nhw weld perchnogion busnes yn ennill arian mawr yn sgil ffyniant diwydiant yr Almaen. |
| Paratoi'r economi ar gyfer rhyfel | Doedd y dosbarth gweithiol ddim yn frwd dros ddechreuad y rhyfel yn 1939, ond gwnaeth y mwyafrif llethol o weithwyr yr Almaen yr hyn roedd disgwyl iddyn nhw ei wneud hyd at y diwedd. Ni wnaeth y mwyafrif llethol o weithwyr yr Almaen herio fframwaith gwladwriaeth Hitler. | Dyblodd salwch, absenoldeb a damweiniau rhwng 1936 ac 1939.<br><br>Heb gynrychiolaeth drefnus, doedd gan weithwyr fawr o gyfle i wella eu hamgylchiadau na phrotestio yn eu herbyn. Yr unig ffordd i fynegi teimladau o unigrwydd a gwendid oedd drwy ddifaterwch cynyddol. |

# Polisïau tuag at grefydd

Mewn rhai agweddau, roedd yr eglwysi Cristnogol yn cydymffurfio ac yn cydsynio i alluogi'r Natsïaid i weithredu eu polisïau – er mai nhw oedd yr unig sefydliadau oedd yn cael cadw ymreolaeth sefydliadol eu hunain yn yr Almaen Natsïaidd. Roedd ganddyn nhw, felly, y potensial i godi llais yn erbyn Sosialaeth Genedlaethol drwy unrhyw eglwys yn y wlad.

Roedd y Drydedd Reich yn cynnig ffordd wahanol at 'achubiaeth' drwy'r gymuned genedlaethol, wrth i drefn Ariaidd newydd a pherffaith gymryd lle'r hen drefn. O ganlyniad, roedd y Natsïaid yn ystyried crefydd yn ddiangen. Yn y tymor byr, bydden nhw'n ceisio sicrhau lle derbyniol i grefydd, gan gynnal purdeb hiliol y gymuned genedlaethol ar yr un pryd drwy raglen ewgeneg wedi'i noddi gan y wladwriaeth, ac addysg oedd yn cyflyru pobl. Mewn gwirionedd roedd yr ysgrifen ar y mur i statws crefydd yn y gymdeithas Natsïaidd. Yn wir, daeth bwriad y wladwriaeth yn glir yn 1939, yn y tiriogaethau a gipiwyd yng ngwlad Pwyl, lle sefydlwyd trefn newydd heb eglwysi.

Roedd Hitler yn edmygu'r eglwys oherwydd ei thechnegau wrth drin torfeydd, ond nid am ei neges Gristnogol. Er iddo gyfeirio yn y rhaglenni Natsïaidd cynnar at Gristnogaeth gadarnhaol, roedd hwn yn faes amwys iawn yn ei athroniaeth. Yn 1933 siaradodd yn breifat am y dewis o fod naill ai yn Gristion neu'n Almaenwr, ac yn y pen draw roedd yn awyddus i atal yr eglwys fel sefydliad yn llwyr. Ond roedd y Natsïaid yn ymwybodol y byddai brwydr yn erbyn yr eglwysi'n dieithrio llawer o bobl, felly ar y dechrau roedden nhw'n barod i gyfaddawdu.

Sylweddolodd yr eglwysi fod gwrthdaro â'r wladwriaeth ynglŷn â'i pholisïau cymdeithasol a chrefyddol yn siŵr o ddigwydd, o ystyried eu cyfrifoldeb nhw i wrthwynebu unrhyw ymgais i danseilio egwyddorion Cristnogol. Ond roedden nhw hefyd yn gwybod y byddai'n fuddiol i'r eglwys gyfyngu ar natur a maint y gwrthdaro hwn. Ar rai achlysuron felly, roedd yr eglwysi'n ffafrio cydymffurfio yn hytrach na gwrthdaro.

## Yr eglwys Gatholig

Roedd yr eglwys Gatholig wedi gwrthwynebu gwerthoedd rhyddfrydol Weimar ar addysg, erthylu a phriodasau sifil, oedd yn mynd yn erbyn credoau creiddiol Catholig. Roedd o'r un farn â'r Natsïaid ynghylch rôl menywod a phwysigrwydd teulu, gan gefnogi eu hymosodiadau ar gomiwnyddiaeth a sosialaeth. Helpodd Plaid Gatholig y Canol i sicrhau pasio'r Ddeddf Alluogi yn 1933, gan baratoi'r ffordd i Hitler gymryd pwerau unbenaethol. A bu rhai eglwyswyr, fel y Cardinal von Faulhaber, yn cydweithio â'r gyfundrefn tan y diwedd, er gwaethaf rhai amheuon ei bod yn mynd yn rhy bell.

Er hyn, roedd yr eglwys Gatholig yn fygythiad posibl i'r gyfundrefn. Yn wahanol i grwpiau gwleidyddol, nid oedd modd ei diddymu na'i gwneud yn rhan o'r gyfundrefn, ac roedd ei dysgeidiaeth yn sylfaenol wrthwynebus i bolisïau ac arferion allweddol y Natsïaid. Yn ogystal, roedd y Catholigion yn deyrngar i'r Pab, oedd yn awgrymu rhywfaint o gystadleuaeth i awdurdod Hitler, ac roedd yr eglwys Gatholig yn bodoli'n annibynnol ar y gyfundrefn. Roedd iddi sail ryngwladol a rhwydwaith o ysgolion, clybiau a chymdeithasau a — hyd at 1936 pan gawson nhw eu diddymu — grwpiau ieuenctid.

### Ymdriniaeth y Natsïaid o'r eglwys Gatholig

- Roedd y gyfundrefn Natsïaidd yn awyddus i'r eglwys Gatholig ei dilysu, ac yn 1933 llofnodwyd Concordat rhwng llywodraeth yr Almaen a'r Fatican. Roedd y Concordat yn gwarantu hawliau'r eglwys Gatholig yn yr Almaen. Ond i'r Natsïaid, cytundeb tactegol yn unig oedd hwn. Doedd ganddyn nhw ddim bwriad i gadw at delerau'r Concordat, ac yn fuan iawn cafodd ei dorri.
- Yn 1935, penodwyd Hanns Kerrl yn weinidog y Reich dros faterion eglwysig, er mwyn ymdrin â grwpiau eglwysig oedd yn gwrthwynebu, a chwtogi eu gweithgareddau drwy ordinhadau oedd yn eu rhwymo'n gyfreithiol.
- Roedd y Natsïaid yn gallu defnyddio ofnau'r eglwys Gatholig am Gomiwnyddiaeth i gyfyngu ar feirniadaeth o bolisïau Natsïaidd eraill.
- Er bod hierarchaeth yr eglwys i'w gweld yn derbyn rhai elfennau, roedd y gyfundrefn Natsïaidd yn gwylio pobl, yn rhoi cosbau torfol ac yn erlid rhai clerigwyr ar lawr gwlad. Cyhuddwyd dros 200 o offeiriaid o gamymddwyn ariannol a rhywiol. Defnyddiwyd achosion anfoesoldeb i niweidio enw da clerigwyr.
- Ymateb y llywodraeth i wrthwynebiad gan glerigwyr ar ôl 1939 oedd eu gorfodi i ymgymryd â gwasanaeth rhyfel.

**Concordat** Roedd y Reichskonkordat yn gytundeb gafodd ei drefnu rhwng y Fatican a llywodraeth yr Almaen, a'i lofnodi ar 20 Gorffennaf 1933. Ymhlith ei delerau, roedd yn cyfyngu ar weithgaredd gwleidyddol clerigwyr Catholig.

- Gwnaethon nhw ymdrech i danseilio'r eglwys drwy greu Mudiad Ffydd yr Almaen. Roedd y grefydd hon, oedd yn ei hanfod yn Anghristnogol, yn ymosod ar ddaliadau sanctaidd Cristnogaeth.
- Aeth y Natsïaid ati i danseilio'r Concordat â'r eglwys Gatholig drwy greu mudiadau fel Cynghrair y Groes a'r Eryr, a'r gweithgor o Almaenwyr Catholig, oedd yn lledaenu gwerthoedd Natsïaidd.

### Gwrthdaro

- Drwy gydol yr 1930au bu Catholigion yn trefnu ymgyrchoedd ar lawr gwlad, yn erbyn ymdrechion y Natsïaid i wahardd arddangos croesau mewn ysgolion Catholig a gosod lluniau o'r Führer yn eu lle.
- Yn 1937, ysgrifennodd y Pab Pius XI yng nghylchlythyr y pab 'gyda phryder mawr' am y ffordd roedd y wladwriaeth yn ymyrryd mewn addysg — ond ni chafodd hynny effaith.
- Yn 1941, pregethodd yr Esgob Galen yn erbyn rhaglen ewthanasia'r Natsïaid, a bu gwrthwynebiad i ddiffrwythloni. Tyfodd y protestio i'r fath raddau nes bu raid i Hitler ddod ag ewthanasia i ben dros dro. Ond eto fyth, dylem ni ystyried bod yr eglwys Gatholig wedi codi llais yn erbyn elfennau o'r polisi hil a allai effeithio ar deuluoedd Almaenig — fel ewgeneg ac ewthanasia — ond na wnaethon nhw leisio gwrthwynebiad i ideoleg y Natsïaid yn ei hanfod.

## Yr eglwys Brotestannaidd

Roedd gan yr eglwys Brotestannaidd hanes hir o ufuddhau i awdurdod gwleidyddol. Roedd yn casáu sosialaeth, ac yn uniaethu â phwyslais y Natsïaid ar werthoedd moesol a'r teulu. Roedd hyn yn gyferbyniad clir i'r fateroliaeth roedden nhw'n ei chysylltu â Gweriniaeth Weimar.

Roedd yr eglwys Brotestannaidd hefyd yn cefnogi adfer balchder cenedlaethol. Roedd hyd yn oed grŵp bach o fewn yr eglwys oedd yn eu galw eu hunain yn 'Gristnogion Almaenig', gan gefnogi'r gyfundrefn yn llawn. Daethon nhw i gael eu galw'n 'SA yr eglwys'. Roedden nhw'n credu bod Cristnogaeth yn ei hanfod yn grefydd Nordig oedd wedi'i llygru gan ddylanwadau Iddewig, ac felly bod gan Almaenwyr hawl ddwyfol i ddatrys y 'broblem Iddewig'. Er bod rhai unigolion nodedig yn gwrthwynebu'r gyfundrefn, yn gyffredinol roedd yr eglwys Brotestannaidd yn ceisio osgoi gwrthdaro, ond heb gymeradwyo pob agwedd ar bolisïau'r Natsïaid.

## Ymdriniaeth y Natsïaid o'r eglwys Brotestannaidd

Roedd y Natsïaid yn dymuno cael eglwys Brotestannaidd ganolog ac unedig, ac felly creodd Hitler eglwys newydd y Reich Natsïaidd, a phenodi Ludwig Müller yn esgob cenedlaethol arni. Roedd yr eglwys hon yn cyfuno credoau Cristnogol â hiliaeth, gwrth-glerigiaeth ac addoli'r Führer.

### Gwrthdaro

- Roedd Protestaniaid yn rhoi pwyslais ar draddodiad o annibyniaeth grefyddol, oedd yn awgrymu her i awdurdod Hitler.
- Arweiniodd yr ymgyrch i Natsieiddio'r eglwys at ymateb cryf gan grŵp anghydffurfiol o'r enw Cynghrair Argyfwng y Gweinidogion (a esblygodd i ddod yn eglwys o'r enw Yr Eglwys Gyffesol). Yr arweinydd oedd y Gweinidog Martin Niemöller, a arestiwyd a'i osod mewn 'gwarchodaeth amddiffynnol' yng

ngwersylloedd crynhoi Sachsenhausen a Dachau. Yn y pen draw, roedd Niemöller yn benderfynol o wrthsefyll twf unrhyw Gristnogaeth oedd ag arlliw Natsïaidd.

■ Aelod gwreiddiol allweddol arall o'r eglwys Gyffesol oedd Dietrich Bonhoeffer. Yn wahanol i Niemöller, oedd wedi croesawu esgyniad Hitler i rym i ddechrau, roedd Bonhoeffer yn gwrthwynebu'r gyfundrefn yn llwyr a siaradodd yn ei herbyn o'r cychwyn. Bu'n gweithio i fudiad gwrthsafiad yr Almaen yn ystod y rhyfel, a cafodd ei ddienyddio yng ngwersyll crynhoi Flossenbürg yn 1945.

■ Arestiwyd tua 800 o weinidogion yr eglwys Gyffesol, a'u hanfon i wersylloedd crynhoi.

## Ymateb eglwysi'r Almaen: gwrthdaro neu gydymffurfio?

■ Yn bennaf roedd yr eglwysi'n cydymffurfio mewn ffordd oddefol â Sosialaeth Genedlaethol. Byddai'n bosibl dadlau eu bod yn fwy awyddus i gynnal sefydliadau Cristnogaeth na'i hegwyddorion. Roedden nhw'n canolbwyntio ar ddarparu cysur bugeiliol ac ysbrydol, yn hytrach na chyflawni eu dyletswydd foesol fwy i gymdeithas.

■ Roedd rhai o'r diwinyddion mwy radical yn derbyn rhai o'r polisïau ewgenig negyddol niferus, fel diffrwythloni gorfodol.

■ Nid oedd awdurdodau'r eglwys yn awyddus i beryglu eu perthynas â'r gyfundrefn Natsïaidd yn agored, felly unigolion cydwybodol oedd y rhai fu'n protestio.

■ Cawn yr argraff fod nifer fawr o Brotestaniaid yn fodlon cyd-fynd â'r gyfundrefn, cyhyd â'u bod yn gallu cadw eu hannibyniaeth.

■ Roedd yr eglwys yn gyffredinol yn derbyn elfennau o ddatrysiad Hitler i'r 'cwestiwn Iddewig' a'r rhaglen ewthanasia.

■ Roedd rhai aelodau a chlerigwyr o'r ddwy eglwys yn rhannu gwrthsemitiaeth y gyfundrefn, gan gynnwys mythau brad a 'duw-laddiad' yr Iddewon. Roedden nhw hefyd yn cefnogi safbwynt gwrth-Gomiwnyddol y gyfundrefn.

■ Mae rhai wedi dweud mai 'Pab Hitler' oedd Pius XII. Pan oedd yn gweithio fel *Nuncio* (neu gynrychiolydd) y Pab blaenorol yn Berlin, roedd wedi datblygu hoffter am yr Almaen. Dywed rhai fod hyn wedi ei wneud yn ddall i'r erchyllterau gafodd eu cyflawni yn enw'r Almaen. Cafodd ei gyhuddo hefyd o fod yn wrth-Semitaidd. Ond mae'r rhai sy'n dadlau o blaid Pius XII wedi hawlio bod ei bolisi o gymorth ymarferol tawel (wrth orchymyn clerigwyr i gynnig cymorth a lloches) wedi arbed mwy o fywydau nag y byddai condemnio polisïau'r Natsiaid yn agored ar lafar wedi llwyddo i'w hachub.

■ Rhoddodd y gwrthwynebiad oddi mewn i'r eglwysi fywiogrwydd newydd iddyn nhw, gan annog cydsafiad Cristnogol. Roedd hyn yn nodwedd benodol o wrthwynebiad yn yr Almaen, a chaniataodd i'r eglwys adfer tir oedd wedi'i golli. Ni fu cwymp sylweddol yn aelodaeth yr eglwysi yn ystod yr 1930au. Roedd hynny'n arwydd bod y Natsïaid wedi methu torri'r clymau rhwng y bobl a chrefydd yn y gymuned genedlaethol.

## Maint y Volksgemeinschaft

Roedd y Natsïaid yn awyddus i weld trawsnewidiad ideolegol radical yng nghymdeithas yr Almaen. Mae'n gwestiwn a arweiniodd hyn at feddylfryd cymdeithasol newydd a threfn gymdeithasol newydd yn yr Almaen, ai peidio. Mae'n bwysig gwerthuso newidiadau yng nghymdeithas yr Almaen yn y cyd-destun o ofyn a oedden nhw'n gadarnhaol, yn flaengar neu a oedd modd eu hamddiffyn yn foesol. O'u barnu yn erbyn y meini prawf hyn, nid yw'n anodd dod i'r casgliad mai effaith

**Cyngor**

Mae perygl o gamddeall rôl yr eglwys yn yr Almaen Natsïaidd. Dylech osgoi'r demtasiwn i fod yn rhy llym ar y sefydliad cyfan, heb ystyried ymatebion clerigwyr unigol i eithafion Sosialaeth Genedlaethol.

ddinistriol yn unig a gafodd Volksgemeinschaft y Natsïaid ar gymdeithas yr Almaen. O ystyried ei fod yn fudiad oedd yn dymuno creu cymdeithas ar sail hil, ewgeneg, effeithlonrwydd cymdeithasol a chydymffurfiaeth ideolegol, doedd bosibl ei bod fyth am arwain at ganlyniad cadarnhaol i bobl yr Almaen.

Mae honiad bod Hitler wedi dweud, un tro, fod 'y rhaglen gymdeithasol Natsïaidd yn dirlun gwych wedi'i beintio ar gefndir ein llwyfan'. Byddai hyn yn awgrymu bod y Volksgemeinschaft yn llai o ddatganiad difrifol o fwriad, ac yn fwy o ymarfer propaganda.

Gan fod athroniaeth Sosialaeth Genedlaethol yn ei gwrth-ddweud ei hun o hyd, roedd yn amhosibl creu trefn gymdeithasol adeiladol oddi mewn iddi. At hynny, doedd Hitler ddim yn ystyried bod cymdeithas yn llawer mwy nag offeryn er mwyn cyflawni amcanion ei bolisi tramor o ehangu ei diriogaeth. Rhyfel oedd diwedd y broses o ail-lunio cymdeithas, proses a adeiladwyd ar lwyfan o furo hiliol.

Cafwyd newidiadau dwys ac arwyddocaol yn y cyfnod 1933–1945, wedi'u cyflawni yn bennaf ar draul pobl yr Almaen.

- Dwysawyd rhagfarnau cenedlaetholgar a gwrthsemitaidd oedd eisoes yn bodoli mewn addysg Almaenig. Newidiwyd y cwricwlwm a'r gwerslyfrau'n i orfodi ideoleg y Natsïaid ar ddisgyblion, a chafodd athrawon Iddewig eu diswyddo.
- Torrodd Sosialaeth Genedlaethol drwy bob math o undod oedd yn bodoli cyn hynny, gan feithrin anoddefgarwch hiliol a chymdeithasol eithafol. Drwy greu gwladwriaeth heddlu, a gweithredu polisi o annog pobl i achwyn ar eu ffrindiau a'u cymdogion, cafodd cymdeithas doredig ei chreu.
- Roedd realiti cymdeithas 'ddiddosbarth' yr Almaen yn golygu bod y gweithwyr fwy neu lai yn gaethion. Cryfhawyd sefyllfa'r cyflogwyr, a dinistriwyd sefydliadau dosbarth gweithiol. Roedd undebau llafur wedi'u gwahardd, felly doedd gan y gweithwyr ddim hawliau i fargeinio'n rhydd ar y cyd. Roedd hyn yn golygu eu bod yn gorfod gweithio'n galetach am amser hirach.
- Roedd ideoleg 'gwaed a phridd' yn cyd-fodoli ochr yn ochr â diwydiannu ar raddfa fawr, oedd yn tynnu'r boblogaeth wledig o gefn gwlad i'r trefi.
- Roedd polisïau'r Natsïaid at fenywod yn ei wrth-ddweud ei hun ac yn ddryslyd. Ffuglen oedd safle uwch y bywyd teuluol, o ystyried bod plant oedd yn aelodau o Fudiad Ieuenctid Hitler yn cael eu hannog i hysbysu am eu rhieni, os oedden nhw'n meddwl eu bod yn anffyddlon i'r gyfundrefn.

## Crynodeb

Pan fyddwch chi wedi cwblhau'r adran hon, dylai fod gennych chi wybodaeth drylwyr am effaith polisïau hiliol, cymdeithasol a chrefyddol y Natsïaid yn y cyfnod 1933–45.

- Pwysigrwydd y syniad o oruchafiaeth hiliol pobl yr Almaen yn ideoleg y Natsïaid, cysyniad yr hil Ariaidd ac israddoldeb lleiafrifoedd hiliol; sut daeth hi'n amhosibl gwahanu hil a chymdeithas oddi wrth yr awydd i greu trefn gymdeithasol newydd, y Volksgemeinschaft.
- Dwysáu'r mesurau a gymerwyd yn erbyn lleiafrifoedd, yn enwedig mwy o erlid Iddewon, ond hefyd y bobl oedd yn cael eu galw'n anghymdeithasol.
- Y graddau roedd pobl ifanc yn cael eu rheoli drwy addysg a rhaglen Mudiad Ieuenctid Hitler.
- Y newid yn rôl a statws grwpiau gwahanol fel menywod a gweithwyr.
- Ymdrechion y Natsïaid i ryddhau pobl yr Almaen rhag dylanwad yr eglwys, a chreu eglwys y Reich Natsïaidd.

# ■ Effeithiolrwydd polisi economaidd y Natsïaid 1933–45

## Perfformiad yr economi o dan y Natsïaid

Mewn unrhyw gymdeithas, caiff blaenoriaethau economaidd eu pennu gan yr hyn mae arweinwyr y llywodraeth yn ei ffafrio, a'r cyfyngiadau arnyn nhw. Mae hyn yn golygu bod cwlwm annatod rhwng gwleidyddiaeth ac economeg. Mae polisi economaidd yn codi o broses gymhleth. Dylai'r broses honno arwain at adnabod blaenoriaethau:

■ gan gadw golwg agos ar y sefyllfa

■ gan gynllunio'n briodol o ran amserlen ac ariannu

■ gan ei atgyfnerthu drwy ddeddfwriaeth a rheoleiddio effeithiol.

Ond nid oedd polisi economaidd y Natsïaid wedi'i seilio'n gyson ar y prosesau allweddol hyn. Mae hyn wedi arwain at y gred gyffredin fod polisi economaidd y Natsïaid yn seiliedig ar ddatrys blaenoriaethau gwleidyddol ac ideolegol y Drydedd Reich mewn ffordd bragmataidd.

Yn absenoldeb unrhyw system weithredol o gynllunio a llunio polisi, roedd Hitler yn dibynnu ar ddatblygu 'ymwybyddiaeth gymdeithasol ac economaidd newydd' o fewn y gymuned genedlaethol. Roedd yn credu y byddai grym ewyllys pobl yr Almaen yn datrys unrhyw broblemau economaidd drwy ysbryd o hyder cenedlaethol, ac y byddai popeth yn iawn yn y diwedd. Roedd ymwybyddiaeth economaidd, i'r Natsïaid, yn codi o brofiad cyffredin o broses o newid a datblygu economaidd. Sut byddai hyn yn gweithio'n ymarferol?

## Yr adfywiad a Schacht, 1933–36

Roedd pobl yr Almaen yn disgwyl llawer gan y Natsïaid pan ddaethon nhw i rym. Ond er gwaethaf addunedau uchelgeisiol yr ymgyrch o 'waith a bara' a'r sloganau lled-sosialaidd yn y rhaglen 25 pwynt, nid oedd gan Hitler bolisi economaidd cydlynol pan ddaeth yn ganghellor yn 1933.

Roedd yn glir bod angen sylw difrifol ar economi'r Almaen. Yn sgil cwymp y system fasnach ryngwladol a'r dychwelyd at ddiffynnaeth fyd-eang yn dilyn y Dirwasgiad, cadarnhawyd i'r Natsïaid fod yr hen drefn economaidd ryddfrydol wedi methu, a bod angen trefn newydd.

Wrth gwrs, dylai unrhyw lywodraeth newydd geisio datrys yr anawsterau economaidd mae'n eu hetifeddu. Ond nid dyna'n union ddigwyddodd yn achos y llywodraeth Natsïaidd. Roedd ganddi set o flaenoriaethau gwleidyddol ac economaidd, oedd yn golygu y byddai ei dewis o ddatrysiadau yn llywio'r Almaen i gyfeiriad gwahanol. At hynny, doedd dim cyfyngiadau ffurfiol ar y ffordd roedd Hitler yn trin yr economi, yn enwedig ar ôl 1934, oherwydd natur ei unbennaeth. Roedd hyn yn golygu yn aml mai ei ddull oedd dod o hyd i atebion yn ôl y galw, a doedd hon ddim yn egwyddor economaidd gadarn. Felly, mae'n bosibl dadlau bod ideoleg a dulliau'r gyfundrefn Natsïaidd yn cyfyngu ar allu'r llywodraeth i ddod o hyd i atebion effeithiol i'r problemau economaidd a wynebai.

### Gwirio gwybodaeth 14

Chwiliwch am enghreifftiau o sloganau lled-sosialaidd o'r rhaglen 25 pwynt.

**Diffynnaeth** Ymdrech i ddiogelu'r economi gartref drwy gyfyngu ar fasnach rydd a gosod tollau mewnforio.

# Cenedlaetholdeb economaidd a'r frwydr yn erbyn diweithdra

Yn 1933, roedd gan yr Almaen ddiweithdra ar raddfa eang, sector gwledig tlawd, dirywiad yn ei masnach, anawsterau o ran ei mantol daliadau, a system credyd oedd ar fin chwalu. Dewisodd y llywodraeth Natsïaidd ddefnyddio cyfuniad o ymyriadau economaidd i orfodi cenedlaetholdeb economaidd. Roedd hyn yn estyniad o ideoleg Sosialaidd Gymdeithasol, gan bwysleisio pwysigrwydd ymdrech genedlaethol i adnewyddu, ar sail egwyddor hunanaberth unigol. Y bwriad oedd gwella perfformiad economi'r Almaen, a gwneud yr Almaen yn hunangynhaliol o ran bwyd a deunyddiau crai hanfodol.

Y brif flaenoriaeth yn y cyfnod 1933–36, sef yn ystod y Cynllun Pedair Blynedd cyntaf, oedd cynnal cefnogaeth y boblogaeth ac adfywio grym milwrol a diwydiannol yr Almaen drwy fuddsoddi, rheoleiddio, cymell a pherswadio.

## *Buddsoddi*

Roedd arian yn rhan o'r allwedd i adfywiad economaidd. Hwyluswyd hyn gan y wladwriaeth drwy ei harbenigwr ariannol newydd, Hjalmar Schacht. Drwy ei benodi yn llywydd y Reichsbank yn 1933 ac yn weinidog economaidd yn 1934, roedd y Natsïaid yn awgrymu na fydden nhw'n ymgymryd ag unrhyw arbrofion economaidd gwyllt. Yn wir, roedd penodi Schacht yn fodd o gysuro busnesau mawr. Roedd yn barod i estyn credyd diderfyn i'r llywodraeth. Roedd system 'cyllido diffyg' wedi'i seilio ar yr egwyddor y dylai llywodraethau gynyddu gwariant, yn lle ei dorri, er mwyn codi economi allan o ddirwasgiad.

## *Cynlluniau creu gwaith*

Llwyddodd cynlluniau creu gwaith i leihau diweithdra yn gyflym: erbyn diwedd 1938 roedd llai na 500,000 o bobl yn ddi-waith. Mae Tabl 7 yn dangos y cwymp yn y nifer a'r ganran o Almaenwyr oedd yn ddi-waith drwy'r 1930au. Ond dim ond ehangu ar waith llywodraethau blaenorol roedd Schacht wrth ddarparu cynlluniau gwaith cyhoeddus. Nid oedd y Natsïaid wedi newid y strategaeth sylfaenol, dim ond ceisio ei gwneud yn fwy effeithiol.

**Tabl 7** Canlyniadau arwynebol y frwydr dros lafur

| Blwyddyn (ffigurau mis Ionawr) | Nifer y di-waith | Canran y gweithlu oedd yn ddi-waith |
| --- | --- | --- |
| 1933 | 6 miliwn | 25.9 |
| 1934 | 3.3 miliwn | 13.9 |
| 1935 | 2.9 miliwn | 10.3 |
| 1936 | 2.5 miliwn | 7.4 |
| 1937 | 1.8 miliwn | 4.1 |
| 1938 | 1.05 miliwn | 1.9 |
| 1939 | 300,000 | 0.5 |

## *Rheoleiddio*

## *Gwahardd undebau llafur*

Gan fod cymuned genedlaethol yn bodoli bellach, doedd dim angen grwpiau pwysau cynhennus fel undebau llafur — dyna sut roedd propaganda'r Natsïaid yn gwerthu'r achos i weithwyr yr Almaen. Mewn gwirionedd, roedd yr undebau, gyda'u hymlyniad i'r SPD, yn ffynhonnell bosibl o wrthwynebiad. Ar 2 Mai 1933 gorfododd yr SS i'r undebau gau, gan arestio eu harweinwyr a chymryd eu hasedau oddi arnynt. Doedd dim gwrthwynebiad gan y diwydianwyr, oedd yn gobeithio y byddai absenoldeb yr undebau llafur yn arwain at fwy o gynhyrchu.

**Cyngor**

Wrth ymateb i farn ar effeithiolrwydd polisi economaidd y Natsïaid, byddwch yn ymwybodol nad yw haneswyr yn cytuno a oedd gan y Natsïaid bolisi economaidd cydlynol neu beidio. Efallai y byddai'n well dechrau drwy werthuso effeithiolrwydd datrysiadau economaidd unigol yng nghyd-destun pryd cawson nhw eu cyflwyno.

**Gwirio gwybodaeth 15**

Pa gynlluniau creu gwaith a gyflwynwyd gan y Natsïaid?

### Ffrynt Llafur yr Almaen

Roedd Ffrynt Llafur yr Almaen, DAF, i fod i gynrychioli gweithwyr a chyflogwyr. Mewn gwirionedd roedd yn gorff gwan yn lle'r undebau llafur, gan nad oedd gan weithwyr unrhyw ffordd o fargeinio bellach. I bob pwrpas roedd streiciau'n anghyfreithlon o 1933 ymlaen.

Er mwyn ennill yr hyn roedd y Natsïaid yn ei alw'n 'frwydr lafur' rhwng 1933 ac 1935, roedd yn bwysig bod y DAF yn ceisio apelio at ymdeimlad o falchder cenedlaethol ac awydd cryf i weithio, er mwyn i'r wlad gynhyrchu mwy. Gwnaethon nhw hyn yn rhannol drwy'r dulliau cymell oedd ar gael drwy'r rhaglen Cryfder drwy Lawenydd (gweler dan Cymell isod). Ond roedd y DAF hefyd wedi'i gynllunio i gadw rheolaeth dros y gweithlu, gan weithio fel baromedr o agweddau ar lawr y gweithle.

### Y Cynllun Newydd

Bwriad Cynllun Newydd Schacht yn 1934 oedd hyrwyddo allforio, lleihau mewnforio, cryfhau'r arian cyfred, a sefydlu cytundebau dwyochrog â gwledydd yn y Balcanau a De America, oedd yn gyfoethog o ran deunyddiau crai.

Roedd ei strategaeth yn ceisio sefydlu cydbwysedd economaidd fyddai'n gosod yr Almaen ar lwybr at fod yn hunangynhaliol. Chwiliwyd cefn gwlad yr Almaen am ddeunyddiau crai, a dechreuwyd arbrofi â chreu nwyddau synthetig, fel creu petrol gyda glo. Caiff y Cynllun Newydd ei weld weithiau fel cam cyntaf yn y symudiad at ryfel diarbed, gan fod yr Almaen yn adeiladu adfywiad economaidd o'i hadnoddau ei hun.

### Disgyblaeth economaidd

Daeth hyn ar ffurf rheoli cyflogau a chyfyngu ar newid swyddi, oedd yn golygu cwtogi rhyddid i symud a lleihau'r dewis o swyddi i weithwyr.

### Deddf Etifeddu Ffermydd y Reich

Dilëwyd ofnau dyled miloedd o ffermwyr yr Almaen gan Ddeddf Etifeddu Ffermydd y Reich ym mis Medi 1933. Roedd yn diogelu ffermwyr yn erbyn perygl blaengau (*foreclosure*), ond roedd hefyd yn cyfyngu'n ddifrifol ar allu ffermwyr bach i waredu eu heiddo neu ei rannu rhwng eu hetifeddion. Yn ogystal â hynny, arweiniodd mudo gwledig i'r trefi at brinder llafur yng nghefn gwlad, gan ei gwneud yn fwy anodd cynnal a chadw'r ffermydd. Arweiniodd hyn at alw am gyflogau uwch. O ganlyniad, gostyngodd elw a chynhyrchu.

### Cymhellion

Erbyn 1938, roedd y wladwriaeth yn buddsoddi pum gwaith cymaint o arian ag yn 1933, ond roedd y strwythur cyfalafol traddodiadol hefyd yn cael ei ddefnyddio. Datblygodd cyfuniad o fuddsoddi gan y wladwriaeth a buddsoddi preifat, a rhoddwyd gostyngiadau treth i ddiwydiant er mwyn cyllido'r ehangu dan gyfarwyddyd y wladwriaeth.

Roedd blaenoriaethau economaidd y Natsïaid hefyd yn cuddio o dan fwgwd caredig sosialaeth. Bwriad rhaglen Kraft durch Freude (Cryfder drwy Lawenydd) oedd cynnig cyfle i weithwyr ar gyflogau is wneud gweithgareddau oedd wedi bod ar gael i weithwyr mwy cyfoethog yn unig cyn hynny. Roedd buddiannau'r KdF yn cynnwys amrywiaeth o gynlluniau addysg i oedolion, rhaglenni iechyd a hamdden, a mynediad yn y gweithle at gyfleusterau fel llyfrgelloedd, pyllau nofio, campfeydd a chyfleusterau chwaraeon eraill. Roedd KdF hefyd yn trefnu i bobl fynd i weld cyngherddau a ffilmiau, gan ddarparu gwyliau, mordeithiau a gwibdeithiau dydd gyda chymhorthdal. Elfennau llai llesol y dulliau hyn o gymell oedd eu nod o greu teyrngarwch ymysg y cyhoedd i'r llywodraeth. Roedden nhw hefyd yn tynhau gafael y wladwriaeth ar

**Cyngor**

Byddwch yn ofalus gyda phropaganda Natsïaidd sy'n dweud mai Hitler yn unig oedd yn gyfrifol am leihau diweithdra ar ôl 1933. Helpwyd y Natsïaid gan y ffaith fod y gwaethaf o'r Dirwasgiad wedi dod i ben erbyn iddyn nhw ddod i rym. Yn ogystal, doedd menywod ddim yn cael eu cynnwys mewn ystadegau diweithdra, na dynion Iddewig ar ôl 1935.

weithgareddau'r bobl, drwy sicrhau mwy o reolaeth dros yr hyn roedden nhw'n ei wneud yn eu hamser sbâr.

Roedd cynllun Schönheit der Arbeit (Prydferthwch Llafur) yn galw am wella'r amgylchedd gwaith – drwy leihau sŵn a gwella ansawdd a glendid yr aer, er enghraifft – ynghyd â galw am well cyfleusterau fel ystafelloedd newid a loceri. Yn 1934, cynigiodd y llywodraeth fenthyciadau priodas, oedd yn rhan o gynllun ehangach i hybu'r galw gan ddefnyddwyr. Defnyddiodd Schacht y syniad o 'gyllido diffyg' fel modd o annog mwy o alw domestig, gan fod hyn yn golygu bod mwy o arian ar gael ar gyfer gwariant cyhoeddus mewn diwydiannau. Cododd Schacht arian drwy gyflwyno Biliau Mefo. Nodiadau credyd oedd y rhain, ac roedd yn bosibl eu cyfnewid, gyda llog, ar ôl pum mlynedd.

### Perswadio

Roedd propaganda wedi llwyddo i argyhoeddi gweithwyr yr Almaen eu bod yn well eu byd oherwydd cyflogaeth gyson a gwelliant bach yn eu safonau byw. Erbyn hyn roedd ganddyn nhw safle dyrchafedig yn y gymuned genedlaethol. Ond roedd y pris i'w dalu am hyn yn cynnwys oriau gwaith hirach, a cholli'r hawl i fargeinio'n rhydd ar y cyd. Cynyddodd yr wythnos waith, ar gyfartaledd, o 42.9 awr yn 1933 i 47 erbyn dechrau 1939. Roedd gwir gyflogau ar ei hôl hi oherwydd chwyddiant.

### Economi amddiffyn

Wrth gwrs, roedd rhyfel a pholisi o ehangu yn estyniad pellach o genedlaetholdeb economaidd, felly roedd hyd yn oed yr adfywiad hwn yn cael ei sbarduno gydag un llygad ar ehangu milwrol. Roedd yr economi gyfan, mewn cyfnod o heddwch, yn cael ei siapio ar gyfer anghenion rhyfel yn y dyfodol. Byddai ailarfogi'n helpu i leihau diweithdra. Byddai cryfder milwrol yn gorfod digwydd mewn cyswllt â datblygiadau materol a thechnolegol, a byddai angen rhoi trefn ar y system drafnidiaeth a'i hehangu.

Byddai Autobahns yn helpu i wella isadeiledd yr Almaen, ac roedden nhw'n symbol gweledol o gynnydd ac undod cenedlaethol. Yn nes ymlaen, byddai'r gwelliannau hyn i'r isadeiledd yn hwyluso'r gwaith o baratoi at ryfel.

Mewn byd delfrydol, dylai llywodraethau sicrhau bod eu polisïau economaidd yn creu buddiannau i bawb, a bod y canlyniadau economaidd yn deg i bob sector o'r gymdeithas. Fel arfer, mae canlyniadau economaidd annheg yn ganlyniad i'r ffaith fod y polisi gwreiddiol yn anymarferol, neu fuddiannau grwpiau pwerus, neu fethiant llywodraethau i weithredu polisi cyhoeddus. Yn achos y Drydedd Reich, mae'n debygol fod y tair senario yn wir. Efallai fod diwydiant yr Almaen yn ffynnu, a bod mwyafrif y boblogaeth ar ei hennill, ond doedd pawb ddim yn elwa'n gyfartal, ac roedd rhai ar eu colled. Doedd yr adfywiad ddim yn gyfartal ar draws pob sector, ac ni ddaeth diweithdra i lawr i lefelau 1928 tan 1935.

## Ailarfogi, yr ail Gynllun Pedair Blynedd, a Göring

Yn 1936, cafwyd newid sylweddol yn y pwyslais wrth reoli'r economi. Roedd Hitler yn awyddus i droi'r Almaen yn bŵer mawr economaidd a milwrol cyn i weddill y byd allu gwneud yr un peth. Roedd angen isadeiledd economaidd gwydn arno i ymdopi â'r gwariant milwrol cynyddol. Roedd hyn yn golygu:

- datblygu'r sectorau diwydiannol a deunyddiau crai
- cynhyrchu nwyddau amgen, rhag ofn y byddai blocâd/gwarchae
- hyfforddi'r gweithlu mewn sgiliau hawdd eu trosglwyddo
- datblygu cronfa ddigonol o fwyd a dogni rhyfel.

**Autobahns** Traffyrdd: dechreuodd rhaglen o adeiladu traffyrdd yn 1933, gan greu cyflogaeth a gweithredu fel symbol o undod Almaenig, gan fod ehangu'r ffyrdd yn ei gwneud yn haws i Almaenwyr deithio o gwmpas y wlad a gwerthfawrogi ei harddwch.

**Gwirio gwybodaeth 16**

Pwy oedd ar eu hennill a phwy oedd ar eu colled yn yr adferiad economaidd?

Ar 18 Hydref 1936, cyhoeddodd Hitler yr ail Gynllun Pedair Blynedd, gyda Hermann Göring yn gyfrifol. Aeth Göring ati i sefydlu corff gyda chwe adran i hwyluso gwaith y cynllun. Ei nod oedd sicrhau bod lluoedd arfog yr Almaen yn barod am ryfel ymhen pedair blynedd. I gyflawni hyn, cafwyd ymgyrch i ddod yn hunangynhaliol mewn amaethyddiaeth a diwydiant drwy gynhyrchu mwy, a datblygu nwyddau synthetig. Daeth rheolaeth y Natsïaid dros ddiwydiant yn llawer tynnach.

## Pa mor effeithiol oedd yr ail Gynllun Pedair Blynedd?

Roedd cynllun Hitler yn drobwynt pwysig yn natblygiad economi'r Almaen yn gyffredinol, a hefyd wrth gynyddu'r paratoadau milwrol yn benodol. Fodd bynnag, roedd yn fwy o awgrym o ran amserlen na chynllun pendant gyda dyddiadau cau tyn a therfynau amser. O ganlyniad, erbyn 1939, roedd economi'r Almaen yn dal wrthi'n trawsnewid o economi heddwch i economi rhyfel — ac felly nid oedd yn barod am ryfel. A doedd y nod o ddod yn hunangynhaliol yn amaethyddol ddim wedi'i gyflawni chwaith.

Roedd yr ail Gynllun Pedair Blynedd wedi tanseilio Schacht, i'r fath raddau nes iddo ymddiswyddo ym mis Tachwedd 1937. Rhwng 1933 ac 1936, roedd wedi cynnal cydbwysedd gofalus rhwng anghenion defnyddwyr ac anghenion milwrol. Roedd yn dadlau, os oedd y wlad yn prynu mwy nag y gallai dalu amdano, y dylai feddwl am ffyrdd o arbed arian. I Schacht, roedd hyn yn golygu torri'n ôl ar ailarfogi — ond doedd hynny ddim yn cyd-fynd ag amcanion Hitler. Roedd Schacht hefyd yn ystyried bod cynhyrchu synthetig yn ei hanfod yn aneconomaidd, ac yn teimlo bod mewnforio yn rhatach o lawer. Dim ond 18% o'r galw gafodd ei fodloni erioed drwy gynhyrchu tanwydd synthetig.

Mewn ymgais i ddatblygu'r Almaen fel pŵer milwrol a diwydiannol, roedd angen i Göring hefyd gydbwyso anghenion defnyddwyr yn erbyn rhai milwrol. Ond roedd y ffocws ar ailarfogi yn golygu bod rhaid i'r gyfundrefn reoli'r galw gan ddefnyddwyr. Felly gwthiodd Göring y cyhoedd i ddefnyddio llai o nwyddau traul, gan greu'r slogan propaganda gynnau nid menyn.

Ond roedd rhaid i'r gyfundrefn droedio'n ofalus, oherwydd drwy orfodi rhaglen o galedi, roedd perygl y byddai safonau byw yn gostwng, a gallai hynny arwain at aflonyddwch cymdeithasol. Roedd codi trethi hefyd yn amhosibl oherwydd yr effeithiau niweidiol posibl ar sefydlogrwydd y llywodraeth.

Yn ogystal, nid oedd strategaeth gydlynol ar gyfer ailarfogi wedi ymddangos, oherwydd y canlynol:

- roedd y drefn gynllunio yn annigonol, a biwrocratiaeth yn drwsgl
- ymyrraeth gan y wladwriaeth, oedd yn golygu bod busnes yn gorfod gweithio o fewn fframwaith wedi'i osod gan y wladwriaeth
- galwadau cystadleuol gwahanol ganghennau o'r lluoedd arfog.

Felly byddai'r Almaen yn dechrau'r Ail Ryfel Byd mewn modd oedd yn y bôn yn eithaf aneconomaidd, oherwydd i'r ymdrechion i baratoi'r economi yn llawn ddigwydd yn ystod y rhyfel ei hun.

## Economi'r rhyfel a Speer

Mae ehangu'r rhaglen ailarfogi rhwng 1936 ac 1939, a'r symudiad at ryfel diarbed ar ôl 1942, wedi bod yn destun trafodaeth frwd ymhlith haneswyr. Mae rhai wedi dadlau bod yr ailarfogi yn y cyfnod ar ôl 1936 yn gam gafodd ei ddatblygu ar y pryd, a'i fod yn rhan o

---

**Nwyddau synthetig**
Roedd angen deunyddiau amgen ar gyfer gweithgynhyrchu fel nad oedd angen i'r Almaen ddibynnu ar fewnforio'r deunyddiau crai o dramor ar gyfer ehangu diwydiannol a milwrol.

**Gynnau nid menyn**
Dyma oedd y 'dewis' a gynigiwyd gan Göring rhwng nwyddau traul ac arfau. Ym mis Rhagfyr 1936 cafodd ei ddyfynnu yn dweud: 'Rwy'n dweud wrthych bod gynnau'n ein gwneud ni'n bwerus. Dim ond ein gwneud ni'n dew mae menyn.'

**Cyngor**
Ystyriwch y farn fod milwrio'r Almaen wedi'i gamreoli yn y cyfnod 1933–39.

**Rhyfel diarbed**
Ymadrodd i ddisgrifio nod y Natsïaid o harneisio eu holl adnoddau at ymdrech y rhyfel.

raglen i leihau diweithdra. Doedd dim bwriad iddo fod yn baratoad ar gyfer rhyfel tymor byr na rhyfel byd estynedig. Mae'r haneswyr hyn yn dadlau ymhellach bod paratoi at ryfel yn rhan ddibwys o'r economi yn y cyfnod 1933–39. Roedd y ffigur ar gyfer 1938, er enghraifft, yn cynrychioli 15% yn unig o'r gwariant gwladol crynswth. Byddai paratoi holl economi'r Almaen ar gyfer rhyfel wedi gosod straen enfawr ar yr economi, ac roedd Hitler yn ofni y byddai hynny'n arwain at aflonyddwch sifil. Ni allai fod yn siŵr y byddai pobl yr Almaen yn fodlon gwneud aberth yn gymdeithasol ac yn economaidd am gyfnodau hir.

Ond mae eraill wedi dadlau bod cysylltiad uniongyrchol rhwng y Cynllun Pedair Blynedd a dechrau'r Ail Ryfel Byd oherwydd bod gwariant milwrol y llywodraeth wedi cynyddu'n sylweddol rhwng 1933 ac 1939, fel sydd i'w weld yn Nhabl 8. Pam ailarfogi, maen nhw'n holi, oni bai fod awydd am ryfel, a sut byddai nodau ac amcanion polisi tramor y Natsïaid yn cael eu cyflawni heb ailarfogi?

**Tabl 8** Gwariant milwrol rhwng 1933 ac 1939

| Blwyddyn | Gwariant milwrol |
|---|---|
| 1933 | 1.9 biliwn mark |
| 1936 | 5.8 biliwn mark |
| 1938 | 18.4 biliwn mark |
| 1939 | 32.3 biliwn mark |

Pa bynnag fersiwn rydych chi'n ei ffafrio, does dim gwadu bod rhaglen ailarfogi gynyddol wedi creu cylch dieflig, fel sydd i'w weld yn Ffigur 1:

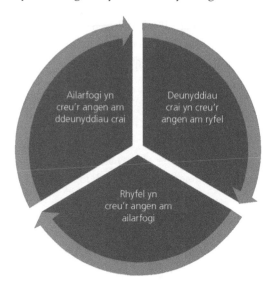

**Ffigur 1** Ailarfogi: y cylch dieflig

Mae hyn eto wedi agor trafodaeth arall ar bolisi economaidd: a oedd yr economi'n dibynnu ar baratoadau'r rhyfel oherwydd ymgyrch ideolegol, neu a oedd yn ymateb i argyfwng economaidd o fewn yr Almaen oedd wedi'i achosi gan ffactorau domestig? Beth bynnag eich barn, yn y pen draw byddai'r rhaglen ailarfogi a ddechreuwyd yn 1933 yn cael ei hariannu drwy ecsbloetio adnoddau'r economïau eraill oedd wedi'u cipio. Doedd yr Almaen ddim yn gallu sicrhau hunangynhaliaeth o ran deunyddiau crai erbyn 1939, felly byddai'n rhaid iddi ddibynnu ar economi o ysbeilio.

Bron yn naturiol, felly, datblygodd y rhyfeloedd ehangu i ddod yn brif reswm dros ysgogi'r economi Natsïaidd. Y nod yn y pen draw oedd economi rhyfel hunangynhaliol fyddai'n cael ei chynnal drwy ehangu tiriogaethol. Byddai ailarfogi'n fodd o sicrhau Lebensraum. Mae polisïau awtarchiaeth a Lebensraum gyda'i gilydd yn datgelu natur benodol genedlaetholgar polisi economaidd y Natsïaid.

**Awtarchiaeth**
hunangynhaliaeth economaidd.

Ond fel y digwyddodd pethau, nid oedd economi'r Almaen mor hawdd ei haddasu i ryfel diarbed ag roedd y llywodraeth wedi'i ddychmygu. Cafodd potensial economaidd yr Almaen ei wastraffu yn gynnar yn y rhyfel drwy reoli adnoddau yn aneffeithlon. Yn wir, roedd nifer o ddiffygion difrifol.

- Nid oedd asiantaeth ganolog na chynllun cydlynol. Roedd y weinyddiaeth economeg, y weinyddiaeth gyllid, swyddfa'r Cynllun Pedair Blynedd a'r lluoedd arfog i gyd yn dilyn eu llwybr eu hunain.
- Doedd dim cynllun cydlynol ar gyfer rhannu adnoddau. Arweiniodd hyn at brinder mewn rhai meysydd, a dyblygu mewn meysydd eraill. Gosododd y fyddin, er enghraifft, ei blaenoriaethau ei hun ar gyfer cynhyrchu arfau.
- Gwrthododd tair cangen y lluoedd arfog â chyfuno eu gofynion cynhyrchu, ac arweiniodd hyn at wrthdaro o ran blaenoriaethau, a chystadlu a brwydrau mewnol. Y canlyniad oedd rhaglenni cynhyrchu drud ac araf.
- Roedd y berthynas rhwng yr awdurdodau sifil a milwrol dan bwysau. Cafwyd tensiynau yn sgil trosglwyddo awdurdod i weinyddiaeth Göring, oedd yn weinyddiaeth sifil yn bennaf.
- Roedd haen ar ôl haen o fiwrocratiaeth economaidd yn mygu mentrau diwydiannol a gwyddonol, gan greu peirianwaith araf a thrwsgl i reoli economi oedd i fod dan reolaeth ac ymyrraeth y wladwriaeth. Roedd yr economi rheoli yn methu rheoli'n effeithiol.
- Arweiniodd mireinio technegol a safonau rhy uchel o ran crefftwaith at gwymp yn lefel cynhyrchu.
- Erbyn 1942, roedd yr Almaen yn methu cynhyrchu digon o arfau i sicrhau buddugoliaeth filwrol.

Dyma pryd daeth Albert Speer i'r amlwg.

Yn ystod gwanwyn 1942, cafodd ei enwebu gan Hitler yn weinidog arfau. Erbyn 1944, roedd wedi cymryd cyfrifoldeb dros holl economi rhyfel yr Almaen, gan sicrhau bod Hitler yn gallu ymladd at y diwedd.

Roedd Speer yn edrych ar ymdrech y rhyfel yn nhermau logisteg, ac roedd ganddo ateb mwy corfforaethol wrth ystyried sut i wneud y defnydd gorau o adnoddau. Roedd yn awyddus i gyfeirio'r holl ymdrech at y rhyfel diarbed. Roedd hyn yn golygu symud yr holl weithwyr o ddiwydiannau oedd heb fod yn angenrheidiol, a'u hanfon i gynhyrchu ar gyfer y rhyfel. Ym mis Ebrill 1942, creodd y Bwrdd Cynllunio Canolog. Roedd hwn yn dyrannu deunyddiau crai i'r sectorau mwyaf hanfodol. Trefnodd i ailddosbarthu'r gweithlu, cynyddu'r gweithlu benywaidd, a recriwtio neu gonsgriptio gweithwyr tramor.

Erbyn 1944, roedd cynhyrchu arfau wedi treblu. Llwyddodd Speer i gynnal lefelau cynhyrchu uchel ar gyfer y rhyfel, ond roedd nifer o broblemau sylweddol yn amharu ar ei lwyddiant.

- Oherwydd rhai rhwystrau mewnol, ac oherwydd bod adnoddau'n cael eu defnyddio'n gyflym gan alwadau'r rhyfel hir, a'r Almaen yn ei golli, ni lwyddodd fyth i gynllunio polisi cwbl gyson.

- Doedd ei ymagwedd ddim yn ideolegol, ac roedd hyn yn denu gelynion. Roedd gwrthwynebwyr ideolegol yn gwrthsefyll ymdrechion Speer i gyflogi menywod a gwella amgylchiadau gwersylloedd y gweithlu tramor. Roedd Speer yn poeni am wastraffu potensial y gweithlu tramor.

- Roedd prinder deunyddiau crai a diffyg llafur yn barhaus. Roedd amser a gweithwyr yn cael eu gwastraffu drwy symud ffatrïoedd o dan ddaear, ac roedd dynion, arfau a radar yn cael eu hailgyfeirio i amddiffyn dinasoedd yr Almaen rhag cyrchoedd bomio'r Cynghreiriaid.

- Roedd colledion milwrol a bomio di-baid gan y Cynghreiriaid yn lleihau effeithiolrwydd swyddfa ganolog Speer. Oherwydd cyrchoedd bomio'r Cynghreiriaid, cafwyd lleihad o 50% mewn cynhyrchu arfau yn yr Almaen.

- Tanseiliwyd Speer gan raniadau mewn cyfrifoldeb. Fritz Sauckel oedd y gweinidog llafur, a Himmler oedd yn gyfrifol am y gwersylloedd crynhoi. Cafwyd methiant o ran cyfathrebu gan fod yr Almaen Natsïaidd yn dal i fod yn orlawn o swyddogion a biwrocratiaeth.

> **Cyngor**
>
> Wrth ddod i farn gyffredinol ar effeithiolrwydd polisïau economaidd y Natsïaid, dylech ystyried gwahanol flaenoriaethau'r gyfundrefn ar wahanol adegau.

## Crynodeb

Pan fyddwch chi wedi cwblhau'r adran hon, dylai fod gennych chi wybodaeth drylwyr am effeithiolrwydd polisïau economaidd y Natsïaid yn y cyfnod 1933–45.

- Sefydlodd Schacht gydbwysedd gofalus rhwng hyder defnyddwyr ac anghenion milwrol drwy fuddsoddi, rheoleiddio a chymhellion.
- Creodd y gyfundrefn Natsïaidd economi gorfodi drwy ehangu rheolaeth y llywodraeth dros yr economi gyda chymorth Schacht, Göring a Speer.
- Creodd Göring wrthdaro dros flaenoriaethau economaidd drwy fentrau fel 'gynnau neu fenyn'.
- Newidiodd y blaenoriaethau economaidd yn ystod y cyfnod.
- Aeth Speer ati i symleiddio diwydiant a chynyddu'r gweithlu drwy recriwtio menywod a gweithwyr o dramor.
- Cafodd polisïau economaidd y Natsïaid effeithiau cyferbyniol ar grwpiau gwahanol fel menywod, y gweithwyr a busnesau mawr.

# ■ Y newid ym mholisi tramor y Natsïaid a'r Ail Ryfel Byd

## Pa brif elfennau oedd yn llywio polisi tramor yr Almaen?

Mae'r ffactorau a siapiodd agenda, troadau a gweithredu polisi tramor yr Almaen yn y cyfnod ar ôl 1933 wedi bod yn destun trafodaeth hanesyddol barhaus. Mae'r trafodaethau hyn yn tueddu i roi gwahanol lefelau o bwysigrwydd i amrywiaeth o ffactorau allweddol, sy'n cynnwys y canlynol:

- polisi domestig
- traddodiad hanesyddol
- blaenoriaethau economaidd
- y dirwedd ryngwladol
- arweinyddiaeth.

# Polisi domestig

I ba raddau roedd polisi domestig y Natsïaid wedi'i gynllunio i helpu Hitler i gyflawni ei amcanion polisi tramor, neu a oedd yn ddyfais propaganda i sicrhau cefnogaeth i'r llywodraeth?

## Yr achos o blaid cynllunio

Gall amgylchiadau gartref effeithio ar y ffordd o weithredu polisi tramor. Roedd polisi domestig y Natsïaid wedi bod yn seiliedig ar raglen ideolegol benodol oedd yn deillio o fath o genedlaetholdeb wedi'i drawsnewid. Ehangwyd ideoleg goruchafiaeth hiliol drwy egwyddor Darwiniaeth Gymdeithasol. Roedd rhai haneswyr yn ystyried bod creu Volksgemeinschaft a phuro'r hil yn gamau cyntaf yn ymgyrch y Natsïaid i ffurfio polisi tramor a fwriadai ehangu i greu trefn Ewropeaidd, neu hyd yn oed fyd-eang, newydd.

## Yr achos o blaid propaganda

Ond mae haneswyr eraill wedi herio'r farn fod athroniaeth Natsïaidd yn y pen draw wedi siapio natur a chwmpas polisi tramor yr Almaen. Maen nhw'n dadlau nad oedd polisi tramor y Natsïaid yn ddim mwy nag offeryn propaganda. Roedd yn bodoli mewn byd o sloganau yn hytrach nag amcanion pendant — cyfres o syniadau amwys, heb eu diffinio, oedd yn gadael i bobl yr Almaen fwynhau gweledigaeth afrealistig o goncwest diriogaethol.

# Traddodiad hanesyddol

I ba raddau y gall polisi tramor y Natsïaid gynrychioli naill ai cysondeb â phrif themâu hanes yr Almaen, neu ymwrthod â'r gorffennol?

## Yr achos o blaid cysondeb

Mae rhai wedi dadlau bod polisi tramor Hitler yn ei hanfod yn parhau i weithredu polisïau'r gorffennol. Roedd yn cefnogi syniadau ac ymddygiad oedd yn amlwg yn hanes yr Almaen o gyfnod Bismarck ymlaen, ac roedd ei wreiddiau ym mholisi pŵer traddodiadol yr Almaen. Yn wir, roedd y syniad o gadarnhau hyder cenedlaethol drwy ehangu pŵer yr Almaen yn llinyn parhaus drwy bolisi tramor y wlad. Roedd cysondeb, felly, mewn polisi tramor oedd yn ceisio creu gwrthdaro ac ehangu, ar sail teimladau o ansicrwydd, anfodlonrwydd neu ddicter.

Mae'n bosibl gweld rhai elfennau o bolisi tramor Hitler fel parhad o bolisïau a sefydlwyd gan Gustav Stresemann yn yr 1920au. Roedd Stresemann yn gweithredu polisi o adolygiadaeth: roedd yn awyddus i weld newidiadau i delerau Cytundeb Versailles o ran y ffordd roedden nhw'n effeithio ar yr Almaen. Yn bennaf oll, roedd yn awyddus i ryddhau'r Almaen rhag baich niweidiol yr iawndaliadau roedd y cytundeb yn eu hawlio. Er bod dulliau Stresemann yn heddychlon ac yn ddiplomyddol — llofnododd Gytundebau Locarno, oedd yn addo na fyddai'r Almaen yn mynd i ryfel, a dyfarnwyd Gwobr Heddwch Nobel iddo yn 1926 — mae hefyd yn debygol na wrthodai'r posibilrwydd o ddefnyddio grym i adennill tiriogaethau a gollwyd i Wlad Pwyl yn Versailles.

Mae'n bosibl casglu bod ymagwedd heddychlon Stresemann yn rhannol yn bragmataidd, gan nad oedd Gweriniaeth Weimar mewn cyflwr addas i fynd i unrhyw fath o frwydr. Gallem ddadlau y byddai polisi o adolygiadaeth wedi arwain at addasu'r drefn ryngwladol, dim ots pwy oedd mewn grym yn yr Almaen. Roedd arweinwyr yr Almaen, beth bynnag eu cred, yn siŵr o herio'r hyn roedden nhw'n ei ystyried yn fusnes anorffenedig y Rhyfel

---

**Darwiniaeth Gymdeithasol** Yr egwyddor mai'r cryfaf sy'n goroesi, yn cael ei mynegi orau drwy ryfeloedd i ehangu.

**Cyngor**

Byddwch yn ofalus o'r syniad bod polisi tramor y Natsïaid wedi tyfu o bropaganda'n unig. Gwendid y farn hon yw ei bod yn anwybyddu union gyd-destun hanesyddol datblygiadau polisi tramor, ac yn dibynnu ar y dybiaeth bod pobl yr Almaen yn gallu cael eu hudo'n llwyr gan bropaganda.

**Otto von Bismarck** Canghellor yr ymerodraeth Almaenig rhwng 1871 ac 1890. Roedd yn dymuno gwella safle diplomyddol yr Almaen yn Ewrop.

**Adolygiadaeth** Polisi o geisio diwygio telerau Cytundeb Versailles 1919 o ran y ffordd roedden nhw'n effeithio ar yr Almaen.

**Gwirio gwybodaeth 17**

A oedd llinyn parhaus ym mholisi tramor yr Almaen yn y cyfnod 1890–1933?

Byd Cyntaf: felly doedd adolygiadaeth Hitler, er ei fod yn llawer mwy ymosodol na dull Stresemann, ddim yn ddatblygiad newydd.

## Yr achos o blaid newid

I rai haneswyr, mae'r syniad bod Hitler yn adolygiadwr pur tan 1938, ac yna'n ehangwr, yn ddamcaniaeth sydd ddim yn dal dŵr. Roedd gan Hitler weledigaeth lwgr o bolisi tramor oedd yn cael ei harwain gan syniadau am hil a lle (Lebensraum). Roedd hynny'n dangos y gwahaniaeth rhyngddo a chyfnodau cynharach. Nid oedd adolygiadaeth yn ddim mwy na chyflwyniad yn ei olwg yntau. Byddai'r gwaith go iawn yn dod wedyn, wrth iddo ddod i reoli'r cyfandir, ac efallai'r byd, yn llwyr.

## Blaenoriaethau economaidd

I ba raddau roedd Hitler yn gaeth i rymoedd cyfalafol yn yr Almaen, a'r rheini'n ceisio elwa o ehangu tiriogaethol?

## Yr achos dros fusnes mawr ac ehangu

Yn ôl un ddadl, ystyriaethau economaidd oedd yn sbarduno polisi tramor ar ôl 1933. Yn ôl y swfbwynt hwn, doedd Hitler yn ddim mwy na thegan yn nwylo cyfalafwyr yr Almaen. Roedden nhw'n gweld yr elw fyddai'n codi yn sgil ailarfogi a buddsoddi mewn rhyfeloedd i ehangu dramor.

Mae dadl hefyd bod polisi tramor ymosodol yn ffordd o leihau anfodlonrwydd cymdeithasol ac economaidd mewnol drwy ei drosi'n gefnogaeth i'r llywodraeth yn ystod ei hanturiaethau dramor. Mewn geiriau eraill, roedd yn ffordd o gadw trefn ddomestig drwy imperialaeth gymdeithasol.

## Yr achos yn erbyn busnes mawr ac ehangu

Mae'r cyswllt rhwng busnes mawr a pholisi tramor ymosodol y Natsïaid wedi cael ei herio, drwy ddadlau y byddai busnes wedi elwa mwy o adfywio cysylltiadau economaidd yn hytrach na rhyfeloedd ymosodol, sydd bob amser yn cynnwys risg y byddan nhw'n methu. Roedd hyn yn arbennig o wir yn achos yr Undeb Sofietaidd.

Doedd dim angen cyfalafwyr ar Hitler i ddweud wrtho y gallai'r dwyrain ddarparu deunyddiau crai hanfodol a fyddai o fudd i ddiwydiant yr Almaen, fel mwyn haearn, manganîs, glo, nicel, molybdenwm ac olew. Ceisiodd Hitler gael gafael ar bridd cynhyrchiol dwyrain Ewrop i gefnogi'r wladwriaeth Ariaidd. Roedd trefn economaidd Hitler a'i ddiplomyddiaeth cyn y rhyfel yn rhan o'r un symudiad tuag at ryfeloedd o ehangu a meddiannu.

## Y tirlun rhyngwladol

I ba raddau roedd Hitler yn ymateb i ddatblygiadau rhyngwladol yn unig, neu a oedd yn pwyso a mesur manteision eu siapio?

### Yr achos o blaid ymateb yn unig

Dylai polisi tramor addasu i anghenion neu gyfleoedd sy'n eu cyflwyno eu hunain yn y byd rhyngwladol. Doedd diogelwch rhyngwladol, ar ôl ei sefydlu yn y 1920au, ddim yn ddiogel mewn unrhyw ffordd. Roedd Cynghrair y Cenhedloedd wedi sefydlu mesurau

---

**Cyngor**

Mae amrywiaeth eang o grwpiau pwyso gwahanol yn gallu dylanwadu ar bolisi tramor. Edrychwch yn ofalus ar nodau Gustav Stresemann yn 1925 ac arweinwyr y fyddin yn 1926.

**Imperialaeth gymdeithasol** Strategaeth wleidyddol amddiffynnol, sy'n sianelu beirniadaeth fewnol o bolisi domestig, a'i droi'n gefnogaeth i ryfeloedd tramor o ehangu.

**Cyngor**

Gair o rybudd: mae'r farn fod Hitler yn byped yn nwylo'r cyfalafwyr yn ddehongliad Marcsaidd eithafol o bolisi tramor, gan gynnig esboniad economaidd diedifar am ryfeloedd ymosodol oedd â'r nod o ehangu tiriogaeth.

**Cynghrair y Cenhedloedd** Sefydlodd y corff hwn egwyddor diogelwch cyfunol ymhlith cenhedloedd yn dilyn y Rhyfel Byd Cyntaf.

diogelwch bregus i sicrhau heddwch parhaol, ond roedd y rhain yn cael eu tanseilio'n gyson gan gyfres o heriau i'w hawdurdod. Yn 1931 cipiodd Japan ardal Manchuria, sef rhanbarth economaidd pwysig yng ngogledd ddwyrain China. Ymosododd yr Eidal ar Abyssinia yn 1935.

Gyda methiant y cynghrair i wrthsefyll gweithredoedd rhyngwladol o ymosod, perswadiwyd Hitler y gallai fentro. Roedd Hitler yn gweld cysylltiadau rhyngwladol fel jyngl, a'r unig beth i'w arwain drwyddo oedd ei fudd ef ei hun. Yn y jyngl hwn, gallai weld pa mor bell y gallai wthio pethau, ac ar yr un pryd gallai fod yn barod i ffurfio cynghreiriau tactegol er mwyn sicrhau ei amcanion.

## Yr achos o blaid bod yn rhagweithiol

Byddai pwyslais yr Almaen ar fuddiannau cenedlaethol yn anochel yn arwain at newid yn y berthynas â'i chymdogion cyfandirol. Os oedd yr Almaen yn mynd i adennill ei statws fel pŵer mawr, yna roedd y dasg yn mynd y tu hwnt i ddiplomyddiaeth yn unig. Doedd gan Hitler ddim diddordeb mewn cynnal trefniadau a fyddai'n sicrhau sefydlogrwydd Ewropeaidd. Nid oedd yn teimlo rheidrwydd i gadw at reolau a phrotocol diplomyddiaeth amlochrog oedd wedi'u sefydlu drwy broses ffug, yn ei olwg yntau, o wneud penderfyniadau cyfunol. Ei nod clir oedd chwalu'r rhwystrau yn llwybr pŵer yr Almaen.

## Arweinyddiaeth

Mae haneswyr wedi'u rhannu wrth ofyn i ba raddau roedd polisi tramor y Natsïaid yn cael ei lywio'n bennaf gan Hitler. Mae rhai'n honni ei fod wedi codi o gynllun tymor hir Hitler i greu ymerodraeth Almaenig hiliol bur drwy ehangu i'r dwyrain.

Mae eraill yn dadlau nad oedd gan hyn ddim byd i'w wneud â phenderfyniad personol Hitler i gyrraedd nod tymor hir o ehangu, ond yn hytrach yn ymateb pragmataidd i'r sefyllfa ddomestig a rhyngwladol gyfnewidiol.

### Yr achos o blaid hil a lle

Cyflwynodd Hitler newid polisi pendant ar ôl 1933 i ailarfogi, diosg beichiau Versailles, a sefydlu trefn newydd o burdeb hiliol drwy ehangu i'r dwyrain. Roedd gan Hitler gynllun mawr yn seiliedig ar gyfres o gamau, neu Stufenplan fel sydd i'w weld yn Ffigur 2.

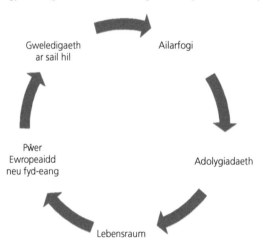

**Ffigur 2** Ar drywydd hil a lle

Mae rhai wedi dadlau, pe bai gwleidyddion cyfoes wedi ystyried *Mein Kampf* yn fwy o ddifrif, y bydden nhw wedi deall uchelgais tiriogaethol Hitler ymhell ymlaen llaw ac y gallen nhw fod wedi ymateb yn fwy cadarn. Roedd llwyddiannau'r Almaen mewn polisi tramor erbyn 1938 yn hynod o debyg i'r rhai a amlinellwyd ym Memorandwm Hossbach ac mewn mannau eraill.

Roedd yr economi yn cael ei pharatoi at ryfel. Roedd datblygu economaidd, y weledigaeth hil, ac ehangu tiriogaethol yn mynd law yn llaw. Roedd Hitler yn awyddus i sefydlu ymerodraeth ar sail hil. Roedd rhywfaint o ystyr diriaethol i'r broses o chwilio am Lebensraum, hyd yn oed os nad oedd y llwybr yn gwbl glir.

## Yr achos o blaid ehangu heb amcan

Mae gwahaniaeth rhwng nodau strategol a thueddiadau gweledigaethol.

O ran polisi tramor, cafwyd honiadau nad oedd Hitler yn ddim mwy nag ymhonnwr gyda nodau ac amcanion dryslyd, gafodd eu troi yn ffeithiau caled a gwirioneddau diriaethol yn achlysurol yn unig. O ganlyniad, nid yw'n glir beth oedd ei union fwriadau. Efallai ei bod yn haws ystyried bod ehangu tiriogaethol i'r dwyrain yn un o nifer o bosibiliadau.

Yn hytrach na derbyn y farn fod gan Hitler gynllun tymor hir ar gyfer gorchfygu Ewrop neu'r byd, gallech ddadlau bod modd priodoli ei bolisi tramor ymosodol ar ôl 1937 i argyfwng economaidd yn yr Almaen, oedd yn dwysáu oherwydd gorwario ar ailarfogi.

At hynny, gallem ddadlau mai hinsawdd economaidd a gwleidyddol cyfnewidiol yr 1930au — effaith y Dirwasgiad, ac ynysu diplomyddol America a'r Undeb Sofietaidd — oedd yr hyn a greodd yr amgylchiadau ar gyfer ehangu a rhyfel, ac nid Hitler ei hun. Yr hyn a wnaeth Hitler oedd manteisio arnyn nhw.

## Casgliad

Yn ideolegol, roedd blaenoriaethau economaidd, y tirlun rhyngwladol newidiol, traddodiad cenedlaethol ac uchelgais cenedlaethol i gyd yn rhan o bennu natur a chwmpas polisi tramor y Natsïaid rhwng 1933 ac 1939, ond mae'n ymddangos mai'r ffactor allweddol oedd arweinyddiaeth.

# Nodau ac amcanion polisi tramor y Natsïaid hyd 1939

Nid yw'n bosibl egluro pob polisi tramor mewn modd clir a diffiniedig. Yn wir, yn aml mae nodau ac amcanion polisi tramor yn eang a braidd yn amwys, gan fod polisi'n gallu newid ar unrhyw adeg, mewn perthynas nid yn unig â'r budd cenedlaethol a'r sefyllfa ryngwladol, ond hefyd ag arweinyddiaeth wleidyddol gyfnewidiol y genedl gartref.

Os ydyn ni'n derbyn bod polisi tramor Hitler yn estyniad rhesymegol o bolisi tramor blaenorol, yna yn amlwg doedd Hitler a'i gadfridogion ddim yn credu bod ffiniau 1914, nac yn wir 1918, yn ddigonol. Roedd yr Almaen eisoes yn dilyn llwybr ehangiadol ymhell cyn i Hitler ei fabwysiadu a'i addasu yn rhaglen ar gyfer Lebensraum, a chyfuno hynny ag ideoleg hiliol. Man cychwyn oedd adolygiadaeth Weimar i Hitler, a byddai'n cael ei ddisodli ymhen amser gan gyfleustra Machiavelliaidd yn ogystal â rhywfaint o gynllunio ychwanegol.

**Gwirio gwybodaeth 19**

Beth oedd Memorandwm Hossbach?

Mae tair prif ffynhonnell ar gyfer darganfod nodau ac amcanion polisi tramor Hitler:

1 *Mein Kampf*, 'Fy Mrwydr', a gyfansoddwyd gan Hitler yng ngharchar Landsberg yn dilyn Putsch München 1923.

2 *Zweites Buch*, neu 'yr ail lyfr', oedd yn ymdrin â pholisi tramor yn unig ond na chafodd ei gyhoeddi yn ystod oes Hitler.

3 *Tischgespräche*, neu 'Siarad wrth y bwrdd', cyfres o sylwadau llafar a olygwyd gan Dr Henry Picker, aelod o staff gweithredol Hitler.

Wrth gwrs, byddai Hitler ei hun yn manteisio ar unrhyw ansicrwydd a phetruso gan y gymuned ryngwladol i sicrhau tri maes polisi penodol. Er bod rhai'n honni nad oedd ganddo amserlen wedi'i rhagosod yn glir, mae ei amcanion yn ymddangos yn gyson, ac yn cynnwys y canlynol:

- diwygio Cytundeb Versailles yn llawn er budd yr Almaen
- cynnwys holl bobl yr Almaen mewn Reich mwy o faint
- cynyddu'r lle i fyw ar gyfer poblogaeth fawr yr Almaen yn y dwyrain drwy goncwest Lebensraum.

Mae amrywiaeth barn rhwng haneswyr wrth drafod i ba raddau roedd Hitler wedi cynllunio'r tri amcan ymlaen llaw, a faint oedd yn digwydd yn sgil manteisio ar amgylchiadau rhyngwladol yn y cyfnod 1933–39. Mae Tabl 9 yn edrych ar sut gallwn ystyried gweithredoedd olynol.

> **Cyngor**
>
> Mae'r gweithiau hyn yn tueddu i grwydro heb ddisgyblaeth, felly mae'n anodd canfod amlinelliad o'r polisi sydd wedi'i strwythuro'n ofalus.

**Tabl 9** Cynllunio v bachu ar gyfleoedd yng ngweithredoedd Ewropeaidd Hitler

| Blwyddyn a digwyddiad | Rhan o raglen o ehangu tiriogaethol wedi'i chynllunio mewn camau? | Ymateb i'r sefyllfa ryngwladol newidiol drwy fachu ar gyfleoedd? |
|---|---|---|
| 1932–33 Cynhadledd Ddiarfogi Genefa | Tynnodd Hitler allan o'r trafodaethau diarfogi oherwydd y byddai unrhyw gynllun rheoli arfau, dim ots pa mor hael fyddai hwnnw i'r Almaen, yn lleihau gallu'r wlad i ailarfogi.<br><br>Roedd Hitler yn awyddus i adfer pŵer milwrol yr Almaen. Erbyn 1934 roedd wedi cynyddu maint y fyddin i 240,000 o ddynion.<br><br>Ym mis Mawrth 1935, cafodd bodolaeth llu awyr yr Almaen ei chydnabod. Wythnos yn ddiweddarach, cyflwynwyd consgripsiwn milwrol. | Manteisiodd Hitler ar wahaniaethau rhwng Ffrainc a Phrydain dros statws cydradd yr Almaen yn y trafodaethau diarfogi. |
| Hydref 1933 Tynnodd yr Almaen allan o Gynghrair y Cenhedloedd | Roedd Hitler yn anghytuno mewn egwyddor â chyrff amlwladol fel Cynghrair y Cenhedloedd, ac roedd o'r farn eu bod yn cynnal statws eilradd yr Almaen.<br><br>Roedd trafodaethau amlwladol yn ei ddiflasu, ac roedd hi wastad yn debygol y byddai'r Almaen yn tynnu allan o'r trafod, o ystyried yr ymrwymiad i ailarfogi. | Manteisiodd ar hinsawdd ddiplomyddol ffafriol, oedd yn deillio o'r ofnau cynyddol am Rwsia Gomiwnyddol. Roedd gwladwriaeth Almaenig bwerus yng nghanol Ewrop yn ymddangos yn amddiffynfa ddefnyddiol yn erbyn lledaeniad comiwnyddiaeth.<br><br>Trodd y Dirwasgiad sylw llywodraethau tuag at eu problemau domestig eu hunain. |
| 1936 Ailfilwrio'r Rheindir | Roedd adfer sofraniaeth lawn i'r Rheindir yn amcan polisi pwysig.<br><br>Roedd ailfilwrio'n hollbwysig ar gyfer unrhyw adolygiad o ffiniau dwyreiniol yr Almaen. Drwy gryfhau'r bwlch ar ei ffin orllewinol, gallai'r Almaen atal ymosodiad gan Ffrainc i gynorthwyo Gwlad Pwyl. | Roedd ymosodiad yr Eidal ar Abyssinia wedi tynnu sylw Prydain a Ffrainc. Manteisiodd Hitler ar hyn gan symud i ailfilwrio'r Rheindir.<br><br>Roedd sylw Ffrainc ar ei hetholiad cyffredinol, oedd wedi datgelu rhaniadau dwfn yn y wlad. Daeth yr etholiad â chynghrair sosialaidd/Comiwnyddol i rym. Manteisiodd Hitler ar y cyfle i gryfhau ei bŵer yn yr Almaen. |

| Blwyddyn a digwyddiad | Rhan o raglen o ehangu tiriogaethol wedi'i chynllunio mewn camau? | Ymateb i'r sefyllfa ryngwladol newidiol drwy fachu ar gyfleoedd? |
|---|---|---|
| 1938 Anschluss ag Awstria | Ers cwymp ymerodraeth Awstria-Hwngari ar ddiwedd y Rhyfel Byd Cyntaf, roedd cenedlaetholwyr Almaenig wedi bod ag awydd i gael undeb rhwng Awstria a'r Almaen.<br><br>Roedd yn rhan o freuddwyd Hitler o greu Almaen fawr, a thra-arglwyddiaeth yr Almaen dros ganolbarth Ewrop.<br><br>Gallai Anschluss hefyd gynnig llawer o fanteision economaidd, fel mynediad at gronfeydd aur a chopr a phlwm Awstria. | Roedd Mussolini wedi troi ei sylw i ffwrdd o gefnogi annibyniaeth Awstria ac at sicrhau ymerodraeth dramor.<br><br>Doedd Awstria ddim yn gallu dibynnu ar gefnogaeth yr Eidal bellach. Llwyddodd referendwm Schuschnigg i sbarduno'r Anschluss.<br><br>Dangosodd ymosodiad Japan ar Manchuria fantais polisi tramor ymosodol, gan fod yr ymosodwr wedi cael ennill.<br><br>Roedd Prydain wedi ymrwymo i ddyhuddo galwadau'r Almaen, ac roedd Ffrainc yn dal i ganolbwyntio ar ei rhaniadau gwleidyddol. Roedd hyn yn caniatáu i Hitler ddilyn ei ddiddordebau yn Awstria. |
| 1938 Argyfwng Tsiecoslofacia | Roedd 3.5 miliwn o Almaenwyr yn byw yn y Sudetenland yng ngorllewin Tsiecoslofacia, ardal roedd Hitler yn awyddus i'w chynnwys yn y Drydedd Reich. Roedd yr Almaen yn eu hystyried yn lleiafrif difreintiedig.<br><br>Roedd niwtraleiddio Tsiecoslofacia yn uchel ar restr unrhyw raglen adolygiadol. I Hitler, roedd Tsiecoslofacia annibynnol yn rhwystr i reolaeth yr Almaen yng nghanolbarth Ewrop. Roedd gan Tsiecoslofacia hefyd fyddin gref a chynghreiriau â Ffrainc a Rwsia. Roedd yn ffynhonnell o ddeunyddiau crai ar gyfer rhaglen ailarfogi Hitler yn ogystal. | Manteisiodd Hitler ar gwynion Almaenwyr ethnig am y gormodedd o swyddogion Tsiec mewn ardaloedd Almaeneg eu hiaith.<br><br>Manteisiodd hefyd ar Blaid Almaenig Sudeten dan arweiniad Konrad Henlein i wneud galwadau amhosibl ar lywodraeth Tsiecoslofacia.<br><br>Manteisiodd Hitler ar bolisi dyhuddo Prydain. |
| 1939 Meddiannu Bohemia a Morafia | Er gwaethaf yr addewid a wnaed gan y pedwar pŵer yng Nghynhadledd München ar 29 Medi 1938, cafodd rhan o Tsiecoslofacia ei chyfeddiannu.<br><br>Roedd gwahaniaethau difrifol rhwng taleithiau Bohemia a Slofacia. Manteisiodd Hitler ar amrywiaeth ethnig y wlad fel esgus dros chwalu Tsiecoslofacia.<br><br>Roedd hyn yn dangos bod gan Hitler gynlluniau clir y tu hwnt i ddiwygio Cytundeb Versailles, ac uno'r bobloedd Almaeneg eu hiaith. Roedd yn rhan o ehangu ymerodrol, proses oedd yn bygwth pobl dwyrain Ewrop os nad oedden nhw'n Almaenwyr. | Yr esgus a ddefnyddiodd Hitler oedd honni bod y lleiafrif Almaenig oedd yn weddill yn Tsiecoslofacia yn cael eu cam-drin.<br><br>Roedd hwn yn brawf bwriadol arall i weld pa mor barod oedd y Cynghreiriaid i ddefnyddio grym. |
| 1939 Gwlad Pwyl | Roedd y Pact i Beidio ag Ymosod gyda Gwlad Pwyl yn 1934 mewn gwirionedd yn gytundeb 'dim ymosod am y tro', oherwydd roedd gan Hitler gynllun tymor hir i amsugno gweddill poblogaeth Almaenig Gwlad Pwyl i mewn i'r Almaen.<br><br>Roedd adennill Posen a Gorllewin Prwsia wastad wedi bod yn rhan o'r rhaglen adolygiadol, ar ôl iddyn nhw gael eu tynnu oddi ar yr Almaen yn Versailles. Roedd colli'r tiriogaethau hyn wedi arwain at rannu'r Almaen, gyda Dwyrain Prwsia'n cael ei hynysu pan grëwyd y Coridor Pwylaidd.<br><br>Yng Nghynhadledd Hossbach ym mis Tachwedd 1937, daeth yn flaenoriaeth i gipio'r tiriogaethau hyn yn ôl. Gosododd Hitler ei nodau ar gyfer ehangu i'r dwyrain a Lebensraum. | Unwaith eto ym mis Medi 1939, defnyddiodd Hitler yr esgus bod y lleiafrif Almaenig yng Ngwlad Pwyl yn cael ei cham-drin.<br><br>Mentrodd y byddai Prydain a Ffrainc yn dal yn ôl, am na fydden nhw'n gallu anrhydeddu eu haddewidion i Wlad Pwyl. |

| Blwyddyn a digwyddiad | Rhan o raglen o ehangu tiriogaethol wedi'i chynllunio mewn camau? | Ymateb i'r sefyllfa ryngwladol newidiol drwy fachu ar gyfleoedd? |
|---|---|---|
| | Ym mis Awst 1939, llofnododd yr Almaen y Pact i Beidio ag Ymosod gyda Rwsia, oedd yn ei gwneud yn fwy anodd i'r Gorllewin amddiffyn Gwlad Pwyl. Byddai meddiannu Gwlad Pwyl yn cynnig man cychwyn ar gyfer ymosodiad diweddarach ar Rwsia. Defnyddiwyd digwyddiad Gorsaf Radio Gleiwitz, sef ymosodiad ffug ar orsaf radio Almaeneg, ynghyd â nifer o ddigwyddiadau eraill, fel enghreifftiau o ymddygiad ymosodol Gwlad Pwyl tuag at yr Almaen, gan gyfiawnhau ymosodiad yr Almaen. Ond cynlluniwyd a gweithredwyd y cyfan gan yr SS. | |

Referendwm Schuschnigg Ym mis Chwefror 1938 cafodd canghellor Awstria, Schuschnigg, ei fwlio i ganiatáu rhyddid i Blaid Natsïaidd Awstria weithredu, a bu raid iddo dderbyn gwleidydd Natsïaidd i'w gabinet. Ond yn lle hynny, pan ddychwelodd i Awstria, cyhoeddodd refferendwm ar gynnal annibyniaeth Awstria. Yn ôl yr amcangyfrif, byddai hynny wedi cael ei dderbyn gan 70% o bobl Awstria. Ond gorchmynnodd Hitler bod rhaid canslo'r refferendwm, a gorfododd Schuschnigg i ymddiswyddo.

Yn amlwg roedd gan Hitler nodau ac amcanion tymor hir, ond roedd hefyd yn barod i fanteisio ar unrhyw gyfleoedd posibl i ddatblygu ei gynlluniau.

# Y ffactorau oedd yn ffafriol i ehangiad yr Almaen ar ôl 1936

- Lluniwyd cytundeb yr Axis gyda'r Eidal i greu trefniant fyddai o fudd i'r ddwy wlad. Roedd hyn yn caniatáu rhyddid i'r Almaen weithredu yn Awstria.
- Wrth lofnodi'r Pact Gwrth-Gomintern, ehangodd cytundeb yr Axis i gynnwys Japan. Drwy wneud hyn, gosodwyd ffryntiau'r Ail Ryfel Byd.
- Roedd parlys Cynghrair y Cenhedloedd yn cynnig cyfle i'r Almaen adeiladu rhwydwaith o gytundebau dwyochrol oedd yn tanseilio egwyddor diogelwch cyfunol.
- I bob pwrpas roedd Ffrainc wedi'i hynysu. Roedd yr Almaen yn gallu llunio cytundebau gyda chynghreiriaid posibl Ffrainc, sef Rwsia.
- Roedd yr Undeb Sofietaidd i bob pwrpas wedi'i hynysu, oherwydd y gred mai comiwnyddiaeth Sofietaidd oedd y perygl mawr i sefydlogrwydd Ewrop, yn hytrach na'r Almaen. Dechreuodd y Sofietiaid chwarae rhan yn Rhyfel Cartref Sbaen, gan ddwysáu amheuon Prydain a Ffrainc. Felly doedd pwerau'r Gorllewin ddim yn gallu sicrhau pact â Rwsia yn 1939. Byddai hwnnw wedi golygu bod y gwarantau a roddwyd i Wlad Pwyl yn gynnig milwrol ymarferol. Fel y digwyddodd pethau, nid oedd y Gorllewin yn gallu achub Gwlad Pwyl.
- Doedd dyhuddo wedi gwneud dim ond cryfhau ymdeimlad yr Almaen o anghyfiawnder. Roedd yn atgyfnerthu cred Hitler bod y wladwriaeth Almaenig wedi'i chywasgu a'i mygu yn dilyn y Rhyfel Byd Cyntaf. Drwy dderbyn rhai o ddadleuon Hitler, i bob pwrpas roedd y dyhuddwyr yn gwneud rhyfel yn fwy tebygol.

Dyhuddo Roedd Neville Chamberlain, prif weinidog Prydain, ymhlith y rhai oedd yn credu y byddai modd ffrwyno Hitler pe bai'n ildio i rai o'i alwadau. Canlyniad hyn oedd cynyddu hunanhyder y Natsïaid.

Digwyddiad Gorsaf Radio Gleiwitz Darn o bropaganda Natsïaidd oedd yn honni bod y Pwyliaid wedi dechrau'r ymladd drwy geisio cipio'r orsaf radio yn Silesia.

**Gwirio gwybodaeth 20**

Beth oedd arwyddocâd Cynhadledd München ar 29 Medi 1938?

# Yr Ail Ryfel Byd

## Grymoedd gweithredol a goddefol ar waith

### Y grymoedd gweithredol

Prif achos y rhyfel oedd awydd yr Almaen i ehangu.

Roedd Hitler wedi dod i rym ar sail rhaglen o adfywio a chreu hyder cenedlaethol. Roedd hyn wastad yn debygol o gael ei adlewyrchu yn ei bolisi tramor a'r ffordd roedd yn ymdrin â chysylltiadau rhyngwladol. Doedd y newid mewn blaenoriaethau economaidd, wrth symud o raglen ailarfogi amddiffynnol tuag at baratoi lluoedd milwrol iawn wedi'u mecaneiddio, ddim yn argoeli'n dda.

Os oedd yr Almaen yn mynd i sefydlu ymerodraeth gyfandirol, trefedigaethau yn Affrica a dinistrio'r Undeb Sofietaidd, doedd hyn ddim yn mynd i ddigwydd drwy drafod. Doedd dim modd tawelu'r Almaen drwy gytundebau diogelwch rhanbarthol, cytundebau cyfyngu arfau na Chynghrair y Cenhedloedd. Yr unig ffordd i gyflawni rhaglen polisi tramor Hitler oedd drwy ryfel, fel y cadarnhaodd Dyfarniad Nürnberg.

**Dyfarniad Nürnberg** Cynhaliwyd tribiwnlysoedd milwrol yn Nürnberg ar ôl y rhyfel, ac yno rhoddwyd y bai ar Hitler a'i bolisi am ddechrau'r Ail Ryfel Byd.

### Y grymoedd goddefol

Dylid gosod polisi tramor y Natsïaid yng nghyd-destun cysylltiadau rhyngwladol yr 1930au. Mae angen i chi fesur i ba raddau roedd Hitler yn gallu dylanwadu ar faterion byd-eang oherwydd amgylchiadau rhyngwladol.

Roedd canlyniadau'r Rhyfel Byd Cyntaf a setliad Versailles wedi hau hadau anghytundeb rhyngwladol yn y dyfodol. Roedd ffiniau dadleuol ac *irredenta* Almaenig yn nwyrain Ewrop yn creu'r potensial am ansefydlogrwydd, er gwaethaf ysbryd Locarno'r 1920au.

Roedd nifer o rymoedd goddefol ar waith hefyd.

**Irredenta** Lleiafrifoedd Almaenig dan reolaeth gwledydd fel Tsiecoslofacia.

- Chwalodd y Dirwasgiad rith sefydlogrwydd rhyngwladol. Arweiniodd at broblemau cymdeithasol ac economaidd ym mhob man, ond yn yr Almaen roedd yn bwydo rhaglen ymosodol Sosialaeth Genedlaethol. Yn y Gorllewin, arweiniodd at ohirio'r potensial am ailarfogi, a chrëwyd awyrgylch lle roedd pawb yn amau a chyhuddo'i gilydd. Felly gosododd y Dirwasgiad rwystr yn llwybr cydweithio effeithiol rhag twf cenedlaetholdeb ymosodol.
- Roedd Cytundeb Versailles yn 1919 wedi gwenwyno cysylltiadau rhyngwladol drwy gydol yr 1920au a'r 30au. Roedd y cytundeb ei hun yn ddigon cryf i gyfyngu ar yr Almaen wrth iddi ailgodi, ond drwy beidio â gorfodi ei delerau, cynigiwyd cyfle i Hitler ganolbwyntio ar amcanion yr Almaen.
- Roedd Cynghrair y Cenhedloedd yn aneffeithiol wrth gadw'r heddwch. Roedd Hitler yn ystyried y gynghrair yn glwb o bwerau buddugol oedd yn gorfodi heddwch anghyfiawn ar yr Almaen. Roedd y cysylltiad rhwng y gynghrair a Chytundeb Versailles yn golygu bod rhwystr sylfaenol i'w hatal rhag cael ei derbyn fel heddychwr diduedd.
- Roedd Prydain a Ffrainc yn credu, mewn camgymeriad, fod Hitler yn wleidydd rhesymol fyddai'n fodlon cyfaddawdu o fewn setliadau rhyngwladol. O ganlyniad, roedden nhw'n barod i ildio dro ar ôl tro i alwadau Hitler, nes iddyn nhw sefyll yn gadarn dros Wlad Pwyl yn y pen draw.

**Cyngor**

Mae Dyfarniad Nürnberg wedi'i herio gan rai haneswyr. Dadleuon nhw mai dim ond dilyn nodau polisi tramor traddodiadol roedd Hitler, ac na ddilynodd gynllun penodol nac amcanion tymor hir at ryfel.

**Gwirio gwybodaeth 21**

Beth oedd ysbryd Locarno?

Yn anfwriadol, cyflymodd gweithredoedd arweinwyr y Gorllewin lwybr Hitler at ryfel, ond nid nhw a'i achosodd. At hynny, mae'n debygol y byddai gweithredu'n gynt yn erbyn Hitler wedi dechrau'r rhyfel yn gynharach.

## Llwyddiannau'r Almaen yng Ngorllewin Ewrop

Er gwaethaf y sicrwydd ffôl a roddodd Ribbentrop i Hitler na fyddai Prydain a Ffrainc yn mynd i ryfel dros feddiannu Gwlad Pwyl, cyhoeddodd y ddwy wlad ryfel pan wrthododd yr Almaen dynnu ei milwyr yn ôl. Doedd gan Hitler ddim dewis ond ehangu'r rhyfel i ffryntiau eraill.

Ym mis Ebrill 1940, Denmarc a Norwy oedd y cyntaf i ddioddef Blitzkrieg, gan ganiatáu i lynges yr Almaen sicrhau mynediad strategol i Ogledd yr Iwerydd. Cawson nhw eu dilyn gan yr Iseldiroedd. Hyd yn oed cyn gorffen cyrch Gwlad Pwyl, roedd cynlluniau ar waith gan yr Almaenwyr i ymosod ar Wlad Belg, yr Iseldiroedd a Luxembourg.

Aeth Panzers yr Almaen heibio i Linell Maginot ac amddiffynfeydd Ffrainc ar ffiniau Gwlad Belg, gan symud yn gyflym drwy Goedwig Ardennes ym mis Mehefin 1940. Cwympodd Ffrainc ar 19 Mehefin 1940.

Gwthiwyd Byddin Alldeithiol Prydain (Y BEF, neu'r *British Expeditionary Force*) yn ôl i draethau Dunkirk erbyn diwedd Mai 1940, a daeth tir mawr Ewrop yn gadarnle'r Almaen. Oherwydd cyflymder a graddfa'r buddugoliaethau, atgyfnerthwyd cred Hitler ym mis Mehefin 1940 fod y rhyfel yn y gorllewin wedi dod i ben, ac y byddai Prydain yn dod at y bwrdd i drafod a derbyn cyfaddawd heddwch.

Yn y pen draw, er i'r gwrthdaro ganolbwyntio'n wreiddiol ar orllewin Ewrop, daeth yn rhyfel byd-eang pan ymosododd yr Almaen ar yr Undeb Sofietaidd.

## Yr ymosodiad ar yr Undeb Sofietaidd

### Ar drywydd Lebensraum

Yn dilyn methiant y Gorllewin i gynnwys yr Undeb Sofietaidd mewn ffrynt cyffredin yn y gobaith o rwystro Hitler, llofnodwyd Pact Molotov–Ribbentrop ar 23 Awst 1939.

Ar y naill law roedd hwn yn newid ideolegol a diplomyddol pwysig i'r Natsïaid, o gofio gelyniaeth agored Hitler at gomiwnyddiaeth. Ond er gwaethaf y rhaniad ideolegol, mae'n rhaid nodi hefyd fod contractau masnachol wedi parhau o hyd rhwng y ddwy genedl.

Roedd cytundebau Rapallo yn 1922, a Berlin yn 1926, wedi sefydlu perthynas fuddiol i'r ddwy ochr. Yn eironig, mae'n debygol mai cymorth economaidd gan Rwsia a rwystrodd y peiriant rhyfel Almaenig rhag chwalu'n gynnar, gan helpu i niwtraleiddio'r blocâd Prydeinig. Roedd Rwsia'n darparu deunyddiau crai yn uniongyrchol i'r Almaen, neu'n caniatáu iddyn nhw gael eu cludo ar draws tiriogaethau Rwsia.

Roedd testun y Pact i Beidio ag Ymosod wedi'i gyhoeddi, gan atal y ddau bŵer rhag cefnogi unrhyw wlad fyddai'n rhyfela yn erbyn y naill neu'r llall. Ond roedd cymalau cyfrinachol yn cyfeirio at 'ffiniau lle roedd gan y ddwy wlad ddylanwad' yn nwyrain Ewrop. Roedd y rhain i bob pwrpas yn gytundeb i ysbeilio, oherwydd eu bod yn rhannu Gwlad Pwyl rhwng yr Almaen a'r Undeb Sofietaidd yn ogystal â dyrannu tiriogaethau rhanbarthol eraill i'w gilydd.

**Joachim von Ribbentrop** Ribbentrop oedd gweinidog tramor yr Almaen gafodd ei benodi yn 1938. Cafodd y llysenwau Ribbensnob a Brickendrop gan ei gyfoedion, oherwydd ei hunanbwysigrwydd a'i ddiffyg deallusrwydd.

**Blitzkrieg** Strategaeth o ryfela mecanyddol cyflym gan ddefnyddio milwyr, tanciau a phŵer awyr.

**Llinell Maginot** Llinell o amddiffynfeydd a chaerau Ffrengig gafodd eu hadeiladu ar hyd ffiniau Ffrainc a'r Eidal, y Swistir a'r Almaen, ond heb estyn yr holl ffordd at y Sianel.

**Blocâd** Ymdrech i rwystro nwyddau a deunyddiau rhag mynd i mewn i wlad neu ei gadael.

Er gwaethaf y Pact i Beidio ag Ymosod, roedd Hitler wastad wedi bwriadu ymosod ar yr Undeb Sofietaidd. Nawr bod yr Almaen a'r Undeb Sofietaidd yn rhannu ffin â'i gilydd yng Ngwlad Pwyl, byddai'n haws i'r Almaen fanteisio ar hyn pan fyddai'r amser yn iawn.

Oherwydd methiant yr Almaen ym mrwydr Prydain, ac oherwydd na fu modd bwrw ymlaen â'r Cyrch Morlew (*Operation Sealion*), cryfhaodd penderfyniad Hitler i ymosod ar yr Undeb Sofietaidd. Erbyn mis Tachwedd 1940, roedd paratoadau milwrol ar gyfer Cyrch Barbarossa wedi'u gwneud. Dechreuodd yr ymosodiad ar Rwsia, oedd i fod yn rhyfel Blitzkrieg arall, ar 22 Mehefin 1941.

Roedd yr ymosodiad ar yr Undeb Sofietaidd yn greiddiol i fersiwn hiliol o Ddarwiniaeth Gymdeithasol. Roedd hyn yn gwahaniaethu polisi tramor y Natsïaid oddi wrth unrhyw beth oedd wedi'i weld o'r blaen. Roedd Hitler yn ystyried Rwsia'n elyn ideolegol, ac yn gyfundrefn wrthun oedd yn cael ei harwain gan Iddewon oedd yn gwbl anaddas o ran hil. Roedd y Natsïaid hefyd yn ystyried bod pobl Slafig yn hiliol israddol.

Nid crwsâd yn erbyn Bolsiefigiaeth yn unig oedd y rhyfel yn erbyn Rwsia, ond rhyfel i ysbeilio'r gronfa enfawr o lafur Slafig, cronfeydd olew'r Cawcasws a chyflenwadau grawn yr Wcrain. Daeth ffocws popeth roedd Hitler wedi ysgrifennu amdano yn y dwyrain yn *Mein Kampf* yn realiti. Roedd hefyd yn ergyd gynnar yn erbyn gelyn oedd heb gyrraedd ei botensial milwrol eto. Roedd gan yr Undeb Sofietaidd y gallu, pe bai'n cael ei milwrio'n llawn, i fod yn fygythiad strategol i ymerodraeth Ewropeaidd yr Almaen.

Cafodd yr ymosodiad ei amseru ar sail y dybiaeth gamarweiniol mai dim ond adnoddau cyfyngedig a gallu milwrol cyfyngedig oedd gan yr Undeb Sofietaidd i'w ddefnyddio. Roedd yn ymddangos bod yr Almaen yn llwyddo i ddechrau, yn sgil gwarchae Leningrad, a chipio tair miliwn o garcharorion Sofietaidd yn ystod yr ymosodiad.

Ond ni chyflawnwyd yr addewidion cynnar hyn o lwyddiant, wrth i'r Almaenwyr orymestyn eu llinellau cyfathrebu, gan olygu nad oedd ganddynt ddigon o gronfeydd wrth gefn. Doedd byddin yr Almaen ddim yn barod am ymgyrch Sofietaidd hir. Roedd cael ei gorchfygu yn Stalingrad yn un o brif drobwyntiau'r rhyfel.

## Cynhadledd Wannsee a'r Ateb Terfynol

### O ail-leoli i ddifodi

Digwyddodd y cyfarfod drwgenwog hwnnw mewn fila ger y llyn yn agos i Berlin ym mis Ionawr 1942, a hynny oherwydd y gorchymyn i ddrafftio rhaglen ar gyfer 'ateb terfynol' i'r 'broblem Iddewig'. Nid oedd yn arwydd da bod Heydrich wedi cyfeirio at ei raglen ail-leoli fel ateb tiriogaethol terfynol. Doedd hyn ynddo'i hun ddim yn argoeli'n dda i'r Iddewon.

Wrth i'r broses ail-leoli droi'n hunllef ymarferol oherwydd maint y dasg, penderfynodd y Natsïaid y byddai llofruddiaeth ar raddfa enfawr yn ateb gwell. Yn wir, roedd Hitler wedi rhagweld hyn mewn araith yn y Reichstag ar 30 Ionawr 1939. Gwnaed y penderfyniad terfynol i drefnu llofruddiaethau torfol yng Nghynhadledd Wannsee.

Ond mae'r llwybr troellog at Auschwitz wedi bod yn destun dadlau brwd. Mae rhai yn gweld y weithred o lofruddio'r Iddewon ar raddfa enfawr fel un cam mewn polisi gwrthsemitaidd oedd wedi'i gynllunio ers tro byd, ac a gafodd ei roi ar waith ar wahân yn ôl yr angen penodol ar y pryd. Roedd yn golygu bod hwn yn gynllun i ddinistrio hil gyfan, gam wrth gam.

**Cyrch Morlew** (yn Almaeneg, *Unternehmen Seelöwe* neu *Operation Sealion* yn Saesneg): Enw cod y cynllun ar gyfer ymosod ar Brydain.

**Gorchfygiad Stalingrad** Daeth y frwydr hir a gwaedlyd yn Stalingrad (23 Awst 1942–2 Chwefror 1943) i ben gyda buddugoliaeth i'r Sofietaid. Amgylchynwyd byddin yr Almaen, a bu'n rhaid iddi ildio.

**Auschwitz** Rhan o'r rhwydwaith o wersylloedd difa Natsïaidd lle cafodd miliynau eu llofruddio.

Mae eraill yn ei gweld fel proses o radicaleiddio yn sgil profiad y rhyfel, gan ymateb i fentrau oedd wedi'u cyflwyno gan wahanol awdurdodau o fewn y gyfundrefn Natsïaidd. Mae eraill wedyn wedi ei gweld fel gweithred batholegol fyrfyfyr.

Y realiti, fodd bynnag, yw bod y gweithredu T4 wedi rhagflaenu'r gwersylloedd marwolaeth. Roedd y rhaglen ewthanasia i ladd pobl ag anableddau meddyliol yn golygu bod llofruddiaethau torfol eisoes wedi'u profi. Trosglwyddwyd personél T4 i'r dwyrain i oruchwylio cam mawr nesaf y llofruddio torfol. Roedd y bobl hyn eisoes wedi dangos nad oedd ganddyn nhw unrhyw gydwybod foesol ynglŷn â'r lladd roedden nhw'n ei wneud yn enw'r Reich.

O ganlyniad, yr hyn wnaeth Cynhadledd Wannsee oedd cydsynio ar ôl y digwyddiad i bolisi oedd eisoes wedi cael ei benderfynu a'i roi ar waith.

## Y ffactorau'n arwain at drechu'r Almaen erbyn 1945

### Arweinyddiaeth, strategaeth a chanlyniadau milwrol, ac adnoddau

Mae rhyfeloedd yn brosesau cymhleth, ac nid rhai eiliadau tyngedfennol ar faes y gad yn unig sy'n penderfynu eu hynt. Yn aml mae canlyniadau brwydrau yn ansicr, hyd yn oed pan fydd paratoadau a logisteg filwrol tymor hir wedi'u cynllunio'n fanwl. Mae'n bosibl bod cenedlaetholdeb ymosodol wedi sbarduno'r Natsïaid i fynd i ryfel yn Ewrop, ond doedd hyn ddim yn ddigon i sicrhau llwyddiant, hyd yn oed os oedd mesur afiach o hunanhyder yn ei gefnogi.

#### Arweinyddiaeth

Argyhoeddodd Hitler y cadfridogion bod modd cyflawni rhai nodau tiriogaethol penodol, er nad oedd gan yr Almaen yr adnoddau economaidd angenrheidiol. Roedd hon yn strategaeth risg uchel ar gyfer ehangu, yn enwedig gan nad oedd yn ystyried bod parodrwydd milwrol yn gysyniad sy'n amrywio yn ôl potensial eich gelyn.

Doedd Hitler ddim wedi ystyried gwydnwch y gwrthwynebwyr, na'u dygnwch. Roedd hefyd yn amharod i adael i filwyr encilio mewn ffordd drefnus, nac ystyried bod doethineb weithiau'n bwysicach na dewrder wrth frwydro. Roedd ei gred ei fod ef ei hun yn anffaeledig, a'i gred yng ngrym ewyllys pobl yr Almaen, yn golygu ei fod yn barod i ddinistrio'r strwythur rheoli yn rhengoedd uchaf byddin yr Almaen, oedd yn beiriant rheolaeth filwrol effeithlon. Yn amlwg, nid oedd yn fodlon derbyn cyngor y bobl oedd yn ddigon craff a phrofiadol i'w gynnig.

Pan gyhoeddodd yr Almaen ryfel yn erbyn UDA, roedd yn ymddangos fel ymateb pwdlyd gan arweinydd oedd wedi colli gafael ar realiti. Doedd gan Hitler ddim dealltwriaeth o'r oblygiadau strategol enfawr pan ddaeth UDA yn rhan o'r rhyfel. Ei gamgymeriad oedd meddwl y byddai'r wlad yn cael ei llethu gyda brwydrau yn y Môr Tawel.

#### Strategaeth a chanlyniadau milwrol

Gan fod y buddugoliaethau cynnar yn y gorllewin mor hawdd, bu hynny'n hwb i hunanhyder Hitler a'i fri yn yr Almaen. Daeth i gredu'n ormodol yn ei allu gwych ei hun i feddwl yn strategol.

**Cyngor**

Mae potensial economaidd unrhyw wlad i allu mynd i ryfel wedi'i blethu'n dynn ag ansawdd arweinyddiaeth effeithiol, a'i pherfformiad ar feysydd y frwydr. Mae'r cyfan yn dibynnu ar ei gilydd, a dylai unrhyw ateb traethawd i gwestiwn penagored adlewyrchu hyn.

- Cam-ddarllenodd sefyllfa Prydain, gan na fyddai'r wladwriaeth honno yn derbyn newidiadau gorfodol i'r drefn ryngwladol na'r bygythiadau posibl i ymerodraeth Prydain. Cafodd ei 'gynnig heddwch' mewn araith yn y Reichstag ar 19 Gorffennaf 1940 ei wrthod yn gadarn.

- Doedd dim ymdeimlad o ymroddiad llwyr i'r Cyrch Morlew, oedd yn dibynnu ar ragdybiaeth o oruchafiaeth yr Almaenwyr yn yr awyr. Ni chyflawnwyd hynny.

- Oherwydd canlyniad negyddol Brwydr Prydain, cryfhaodd ei benderfyniad i ymosod ar Rwsia.

- Roedd ehangu'r rhyfel yng ngogledd Affrica a chynnwys UDA yn ganlyniad uniongyrchol i'w anallu i orchfygu Rwsia.

- Dechrau gwrthymosodiad Rwsia oedd pan ildiodd 300,000 o filwyr yr Almaen yn Stalingrad.

- Daeth rhyfela byd-eang yn ymgais wyllt i ddwysáu'r rhyfel, oherwydd y cyfyngder roedd Hitler wedi'i wthio ei hun iddo.

- Erbyn diwedd 1941, roedd Hitler wedi cyrraedd penllanw ei bŵer yn Ewrop.

Roedd penderfyniad Hitler i droi i ymosod ar Rwsia cyn gorchfygu Prydain, ac yna cyhoeddi rhyfel ar UDA cyn gorchfygu Rwsia, yn dangos dull tactegol ddiffygiol o ryfela. Drwy adael Prydain heb ei gorchfygu yn y gorllewin, a'r Undeb Sofietaidd heb ei gorchfygu yn y dwyrain, gydag UDA hynod bwerus yn eu cefnogi, roedd wedi ailadrodd camgymeriad strategol hynod o ddifrifol. Roedd hefyd wedi creu rhyfel ar ddau ffrynt, sef rhywbeth roedd ei ddiplomyddiaeth gynnar wedi gweithio'n galed i'w osgoi, yn eironig ddigon.

## Adnoddau

Anwybyddodd Hitler rybuddion nad oedd economi'r Almaen wedi datblygu ddigon i gynnal rhyfel byd-eang. Daeth y digwyddiadau wedi hynny i ddangos ei fod wedi ei ysbrydoli gan feddylfryd ideolegol oedd ddim yn gallu derbyn gwirioneddau economaidd a milwrol. Arweiniodd ei hoffter o arfau ymosodol yn hytrach na rhai amddiffynnol at orfuddsoddi ar raddfa enfawr yn y rhaglenni roced V1 a V2.

Roedd wedi tanbrisio potensial economaidd, adnoddau cenedlaethol a threfniant biwrocrataidd y Sofietaid yn sylfaenol. Roedd llinellau byddin yr Almaen wedi cael eu gorymestyn yn yr Undeb Sofietaidd, ac nid oedd y cyflenwad o ffrwydron, bwyd, petrol, darnau sbâr a dillad brwydro yn gallu cwrdd â'r galw. Roedd y cyrch i'r Wcráin a'r Cawcasws wedi amlygu'r ffaith nad oedd yr Almaen wedi paratoi'n ddigonol at y rhyfel hwn, ac nad oedd yn gallu ei gynnal. Pan ddaeth y glaw, roedd lluoedd mecanyddol yr Almaen yn gorfod brwydro drwy'r mwd ar rwydwaith o ffyrdd Sofietaidd oedd heb eu datblygu.

Roedd Deddf Les-Fenthyg America yn 1941 yn golygu y gallai Prydain, ac yn ddiweddarach Rwsia, gael cyflenwadau o'r holl gyfarpar milwrol oedd ei angen arnyn nhw tan ddiwedd y rhyfel. Pan ymunodd UDA â'r rhyfel yn ddiweddarach y flwyddyn honno, roedd yr ysgrifen yn wironeddol ar y mur. Roedd gallu diwydiannol cryfach America yn amlygu gwendid yr Almaen. Llwyddodd cyrchoedd bomio'r Cynghreiriaid i niweidio diwydiant yr Almaen yn ddifrifol, gyda thoriad o 50% yn y nifer o arfau a gynhyrchwyd, a difrod i rwydweithiau trafnidiaeth a chyfathrebu.

**Rocedi V1 a V2** Rocedi Almaenig heb beilot a gafodd eu defnyddio i frawychu poblogaeth sifil Prydain.

**Deddf Les-Fenthyg** Cytunwyd ar hyn gan Gyngres America ym mis Mawrth 1941. Roedd yn caniatáu i'r Arlywydd Roosevelt werthu neu fenthyca unrhyw fath o ddeunydd rhyfel i unrhyw wlad os oedd yn ymddangos bod ei hamddiffyn yn hanfodol i fuddiannau'r Unol Daleithiau.

# Effaith y rhyfel ar rannau gwahanol o gymdeithas yr Almaen

Roedd yr Ail Ryfel Byd yn rhyfel diarbed. Roedd hyn yn golygu bod poblogaethau cyfan y cenhedloedd fu'n brwydro wedi bod yn rhan ohono. Roedd baich rhyfela, felly, yn syrthio yr un mor drwm ar y boblogaeth sifil.

Daeth pobl yr Almaen o dan reolaeth pŵer mympwyol a diderfyn y wladwriaeth. Oherwydd y rhyfel, daeth llywodraeth y Reich yn fwy fyth o faes brwydro rhwng gwahanol garfanau, yn enwedig gyda Hitler yn gwneud llai a llai o ymddangosiadau cyhoeddus erbyn diwedd y rhyfel.

Taflodd yr Ail Ryfel Byd gysgod dros boblogaeth sifil yr Almaen, ond roedd yr effaith yn anwastad ac yn anghymesur o ran y dioddefaint a'r golled. Effeithiodd y rhyfel ar yr Almaen mewn ffyrdd gwahanol, ac effeithiodd hefyd ar y berthynas rhwng unigolion a'r wladwriaeth.

## Yr effaith ar y drefn gymdeithasol

Arweiniodd y rhyfel at frawychu'r boblogaeth sifil ymhellach. Ar y naill law, drwy ei bropaganda bu Joseph Goebbels yn bwydo cyfuniad gofalus o obaith, ofn, bygwth ac addewidion i'r bobl, er mwyn cynnal eu hyder yn arweinyddiaeth Hitler. Pwysleisiodd beth fyddai'r canlyniadau pe bai'r Undeb Sofietaidd farbaraidd yn gorchfygu'r Almaen. Ar y llaw arall, defnyddiwyd mesurau llym i atal sifiliaid rhag dechrau credu y gallen nhw golli'r rhyfel. Arweiniodd hyn at lefelau uwch o wyliadwriaeth gan yr heddlu, a chosbau llymach yn ystod y rhyfel, oedd yn aml yn gwbl anghymesur â'r troseddau honedig. Er enghraifft, yng ngharchar Brandenburg yn unig, dienyddiwyd 2,042 o bobl rhwng 1940 ac 1945.

## Yr effaith ar undod cymdeithasol

Roedd cyrchoedd bomio'r Cynghreiriaid, fel y 'cyrchoedd mil o fomiau' ar Köln a Hamburg, yn fwriadol yn targedu morâl pobl gyffredin, oedd yn cael eu hystyried yn darged dilys erbyn hynny. Ond yn yr Almaen, fel ym Mhrydain, yn aml roedd bomio dinasoedd yn llwyr yn cael effaith i'r gwrthwyneb. Datgelodd allu pobl yr Almaen i barhau'n stoicaidd. Canmolwyd Cynghrair Morwynion yr Almaen a Mudiad Ieuenctid Hitler am fynd ati i gynorthwyo'r bobl a gollodd eu cartref a'r rhai a anafwyd.

Roedd rhyfel diarbed yn golygu bod angen pobl ifanc i helpu gyda'r cynaeafau, a gostyngwyd oed consgripsiwn i 17 yn 1943, ac i 16 erbyn 1945. Mewn ymgais wyllt i sicrhau rhagor o filwyr, drafftiwyd bechgyn mor ifanc ag 11 o Fudiad Ieuenctid Hitler i'r **Volkssturm** i ymladd ar y llinell flaen.

Roedd arwyddion o wrthdaro, tensiwn a gwrthwynebiad ymhlith rhai carfanau o bobl ifanc. Bu rhai grwpiau o fyfyrwyr yn herio'r gyfundrefn drwy ddosbarthu taflenni gwrth-Natsïaidd – grwpiau fel y Rhosyn Gwyn, dan arweiniad Hans a Sophie Scholl, a grwpiau ieuenctid fel Môr-ladron Edelweiss. Nifer cymharol fach o weithredwyr o'r fath oedd wrthi. Ond roedd y ffaith fod 3,393 o bobl wedi cael eu dienyddio yn 1942, 5,684 yn 1943 a 5,764 yn 1944 yn rhoi syniad o'r twf yn anfodlonrwydd llawer o bobl â'r Drydedd Reich.

Ond ar y cyfan, roedd hyder cyhoeddus yng nghyfundrefn Hitler yn parhau'n uchel, gyda'r mwyafrif yn parhau'n deyrngar i Hitler tan y diwedd un.

**Volkssturm** Gwarchodlu cartref oedd hwn mewn gwirionedd, yn cynnwys pobl ifanc, pobl ag anableddau a phobl hŷn. Roedden nhw'n wynebu bomio o'r awyr yn ogystal â gynnau peiriant, gynnau mawr a thanciau.

Ar ôl trechu'r Almaen yn 1945, aeth lluoedd y Cynghreiriaid ati i feddiannu a dad-Natsieiddio cymdeithas yr Almaen. Roedd hon yn ymdrech i dorri'r cwlwm ideolegol Natsïaidd oedd wedi dal cymdeithas yr Almaen at ei gilydd, a chael gwared ar y Volksgemeinschaft roedd Hitler wedi'i ffurfio. Dechreuodd y Cynghreiriaid ar ymgyrch i droi'r Almaenwyr oddi wrth Natsïaeth ac at ddemocratiaeth.

## Yr effaith ar wneuthuriad cymdeithas

Roedd gwneuthuriad cymdeithasol yr Almaen yn cael ei reoli gan densiynau rhwng ffoaduriaid a'r boblogaeth frodorol, yn enwedig yn yr ardaloedd gwledig, oedd yn draddodiadol yn fwy ceidwadol eu hagwedd.

Wrth i'r rhyfel fynd yn ei flaen, cafwyd mewnlifiad o filiynau o ffoaduriaid, gyda'r mwyafrif yn ffoi rhag y byddinoedd Sofietaidd. Erbyn 1944, roedd gweithlu tramor o tua 8 miliwn o bobl yn yr Almaen hefyd. Roedd diffyg gwybodaeth yn gyffredinol am y bobl hyn oedd wedi'u dadleoli. Arweiniodd hynny at gamddealltwriaeth, ofn a gwahaniaethu gan y boblogaeth frodorol.

Bu dogni llym yng nghyfnod y rhyfel, a gwaethygodd amgylchiadau llafur a thai yn raddol. Arweiniodd hynny at erydu gobeithion a dyheadau pobl yr Almaen. Roedd prinder, y farchnad ddu a'r cyrchoedd bomio yn amharu ar drefn arferol cymdeithas. Wrth ddwysáu economi'r rhyfel, roedd llawer o bobl yn gorfod newid eu swyddi i weithio i gynhyrchu nwyddau rhyfel. Roedd gorweithio a gorflino yn llethu bywydau'r boblogaeth sifil, ac yn anochel roedd ysbryd pobl yn pallu.

Roedd gofynion rhyfel diarbed yn golygu bod y Natsïaid yn cael eu gorfodi i addasu eu polisi at fenywod, gan wrthdroi'r hawliau ideolegol oedd wedi'u sefydlu'n flaenorol. O fis Ionawr 1943 ymlaen, roedd yn ofynnol i bob menyw rhwng 17 a 45 oed gofrestru i weithio. Estynnwyd hyn yn ddiweddarach i fenywod 50 oed. Erbyn 1945, roedd bron 60% o weithwyr yn fenywod. Daeth rhai'n Trümmerfrauen oedd yn gorfod clirio 14 biliwn troedfedd giwbig o frics a rwbel ar ôl cyrchoedd bomio'r Cynghreiriaid.

Gyda'r holl dorfeydd o fenywod yn dychwelyd i'r gwaith, effeithiwyd ar fywyd teuluol, ac wrth gwrs roedd colli miliynau o filwyr hefyd yn cael effaith. Roedd cymdeithas yr Almaen bellach yn anghytbwys o ran rhywedd, gyda mwy o fenywod na dynion.

Digwyddodd y newidiadau mwyaf arwyddocaol yn natur a chyfansoddiad cymdeithas yn bennaf yn sgil y canlynol:
- gwasanaeth milwrol a cholledion ar y ffrynt
- dinistrio diwydiannau a dadleoli'r gweithlu
- ymgilio a digartrefedd.

Yn ôl yr amcangyfrif, cafodd 3.2 miliwn o sifiliaid eu lladd yn y rhyfel. O gyfanswm gwreiddiol o 17.1 miliwn o fflatiau a thai, cafodd tua 4 miliwn eu dinistrio. Yn Düsseldorf yn unig, roedd 9 o bob 10 tŷ wedi'u difrodi. Yn Berlin, roedd yn amhosibl byw yn 75% o'r holl gartrefi.

## Ar ôl y rhyfel

Yn dilyn trechu'r Drydedd Reich, roedd arweinwyr y Cynghreiriaid yn benderfynol o ddwyn arweinwyr y Natsïaid o flaen eu gwell, a'r rheini oedd yn bennaf cyfrifol am ddechrau'r Ail Ryfel Byd hefyd. Cynhaliwyd deuddeg achos gyda dros 100 o

**Trümmerfrauen** Yn llythrennol mae'n golygu 'menywod y rwbel' neu 'fenywod yr adfeilion'. Roedden nhw'n cael eu cyflogi i chwalu gweddillion adeiladau a chlirio'r rwbel.

ddiffynyddion yn Nürnberg, oedd yn cael ei ystyried yn gartref ysbrydol Natsïaeth, rhwng 1945 ac 1949. Cynhaliwyd yr achos cyntaf ar 20 Tachwedd 1945, wrth erlyn 21 o droseddwyr Natsïaidd pwysig.

Byddai'r holl Almaenwyr eraill yn cael eu dad-Natsieiddio, a byddai cymdeithas yr Almaen yn cael ei glanhau o ideoleg Sosialaidd Gymdeithasol. Ond roedd rhywfaint o ymdeimlad o blaid y Natsïaid yn dal i barhau, gyda llawer o'r rhai a oroesodd y Drydedd Reich yn amddiffynnol oherwydd eu cyfraniad nhw eu hunain i'r wladwriaeth Natsïaidd. Roedd llawer o Almaenwyr yn anhapus â'r cwestiynu ymwthiol am eu gorffennol, a daeth llawer i'w hystyried eu hunain yn ddioddefwyr dan heddwch gorchfygwr arall wrth wynebu'r troseddau arswydus a gyflawnwyd yn enw Hitler. Hefyd, roedd pobl yr Almaen yn gallu cyfeirio at eu dioddefaint eu hunain: marwolaethau sifil drwy gyrchoedd bomio'r Cynghreiriaid, treisio ar raddfa eang gan y Fyddin Goch wrth iddyn nhw symud i'r gorllewin, a'r gofid oherwydd prinder bwyd a dinistrio cartrefi, busnesau ac isadeiledd.

Roedd dad-Natsieiddio yn cynnwys strategaeth i wahardd cyn-Natsïaid rhag cael swyddi pwysig yn y gwaith o ailadeiladu'r Almaen ar ôl y rhyfel. Ond roedd hyn yn anymarferol, gan ei bod bron yn amhosibl dod o hyd i arbenigwyr a pheirianwyr oedd heb eu llygru, rywsut neu'i gilydd, drwy eu cyswllt â Natsïaeth.

## Crynodeb

Pan fyddwch chi wedi cwblhau'r adran hon, dylai fod gennych chi wybodaeth drylwyr am effaith newid polisi tramor y Natsïaid yn y cyfnod 1933–45.

- Y graddau roedd polisi tramor y Natsïaid yn y cyfnod 1933–45 yn dangos cysondeb â'r gorffennol, fel polisïau adolygiadol Gweriniaeth Weimar.
- Y ffordd yr ystumiodd Hitler gysylltiadau rhyngwladol yn y cyfnod 1933–39, fel y Pact i Beidio ag Ymosod gyda Gwlad Pwyl yn 1934.
- Y rhesymau pam roedd y Natsïaid yn gallu cyflawni eu nodau ac amcanion polisi tramor yn y cyfnod 1933–39, gan gynnwys ailarfogi a'r Anschluss.
- Hynt cyfnewidiol y peiriant milwrol Almaenig yn y cyfnod 1939–45, fel llwyddiannau cynnar y Blitzkrieg ac anawsterau ar y ffrynt Rwsiaidd.
- Sut daeth yr awydd am hil a lle yn brif sbardun polisi tramor yr Almaen yn y cyfnod 1933–45.
- Effaith rhyfel diarbed ar bobl yr Almaen, fel y dinistr a achoswyd gan gyrchoedd bomio'r Cynghreiriaid a'r newid yng nghyflymder gwaith y rhyfel.

# Cwestiynau ac Atebion

Mae'r adran hon yn cynnwys arweiniad ar strwythur yr arholiad ar gyfer Astudiaeth Fanwl Uned 4 Opsiwn 8 yr Almaen: Democratiaeth ac Unbennaeth tua 1918–1945; Rhan 2: Yr Almaen Natsïaidd, tua 1933–1945 ym Manyleb CBAC. Yn dilyn hyn cewch esboniad ar yr amcanion asesu, a chyngor ar y ffordd orau o drefnu eich amser i gyd-fynd â'r marciau sydd ar gael. Mae'n bwysig eich bod yn gyfarwydd â strwythur yr arholiad a natur yr asesiadau. Ar ôl pob cwestiwn o hen bapur, mae dau ateb enghreifftiol. Mae un yn cynrychioli gradd A (Myfyriwr A) a'r llall yn dangos ateb gradd C (Myfyriwr B). Bydd cryfderau a gwendidau pob ateb yn cael eu nodi yn y sylwadau ar yr ateb.

## Strwythur yr arholiad

Mae cwestiwn gorfodol yn seiliedig ar ffynonellau yn Adran A eich papur arholiad. Yn Adran B, mae gofyn i chi ateb un o ddau gwestiwn penagored ar ffurf traethawd. Bydd pob cwestiwn yn cael ei farcio allan o 30. Cewch 1 awr 45 munud i gwblhau eich atebion.

## Natur yr amcanion asesu

Mae cwestiwn 1 yn seiliedig ar AA2 yn llwyr. Mae disgwyl i chi 'ddadansoddi a gwerthuso deunydd ffynhonnell briodol, sy'n gynradd a/neu'n gyfoes i'r cyfnod, o fewn ei gyd-destun hanesyddol'.

Bydd disgwyl i fyfyrwyr wneud y canlynol:

- dadansoddi a gwerthuso tair ffynhonnell yn eu cyd-destun gwreiddiol ac yng nghyd-destun yr ymholiad dan sylw
- asesu gwerth pob un o'r tair ffynhonnell i hanesydd sy'n cynnal ymholiad penodol
- dangos eu bod yn deall cyd-destun hanesyddol yr ymholiad a'u bod yn gallu cynnig barn ar werth y ffynonellau i hanesydd sy'n cynnal ymholiad penodol.

Mae Cwestiynau 2 a 3 (bydd angen i chi ddewis un) yn seiliedig ar AA1 yn llwyr. Bydd disgwyl i chi 'ddangos, trefnu a chyfathrebu gwybodaeth a dealltwriaeth er mwyn dadansoddi a gwerthuso'r nodweddion allweddol sy'n perthyn i'r cyfnodau a astudiwyd, gan wneud safbwyntiau cadarnhaol ac archwilio cysyniadau, fel y bo'n briodol, o achos, canlyniad, newid, parhad, tebygrwydd, gwahaniaeth ac arwyddocâd'.

Bydd disgwyl i fyfyrwyr wneud y canlynol:

- dadansoddi a gwerthuso cysyniad allweddol yn y cwestiwn gosod a llunio barn sy'n gytbwys ac wedi'i chyfiawnhau
- cefnogi eu hymatebion gyda gwybodaeth hanesyddol briodol a dethol.

Nid yw Cwestiynau 2 a 3 yn ymwneud â chynnig naratif o'r digwyddiadau a'r datblygiadau sy'n gysylltiedig â'r cwestiwn. Disgwylir i chi gynnal trafodaeth mewn perthynas â'r cysyniad allweddol yn y cwestiwn a dod i farn ddilys.

## Amseru eich ateb

Mae'r canllaw hwn yn awgrymu y dylech rannu eich amser yn gyfartal rhwng pob cwestiwn.

# ■Adran A

## Cwestiwn 1

**Astudiwch y ffynonellau isod ac atebwch y cwestiwn sy'n dilyn.**

### Ffynhonnell A

Mae gan Gymru a'r Almaen un broblem ddifrifol yn gyffredin – sut i ymdrin â diweithdra. Yn yr Almaen, mae'r frwydr wedi'i chynnal ag egni. Mae Llywodraeth yr Almaen wedi annog Gwasanaeth Llafur Gwirfoddol o waith cyhoeddus, sydd wedi sefydlu miloedd o wersylloedd llafur drwy'r Almaen. Mae aelodau'r gwersylloedd i gyd yn wirfoddolwyr. Maen nhw'n gweithio tua chwech awr y dydd, rhai ar ffyrdd, rhai yn draenio corsydd, eraill yn clirio difrod ar ôl llifogydd, a rhai yn adeiladu canolfannau chwaraeon. Nid yw'r dynion ifanc hyn yn gweithio er elw, oherwydd dim ond arian poced maen nhw'n ei dderbyn. Ond maen nhw'n cael bwyd plaen a da, dillad gwaith, ymarfer corff, iechyd a chyfeillgarwch, gan weithio am rhwng pedwar a naw mis yn y gwersyll. Caiff y gwaith i gyd ei wneud er budd y cyhoedd, ac nid er budd yr unigolyn. Yn wir, mae Llywodraeth Hitler yn dymuno ei wneud yn orfodol, a'i droi'n fath o gynllun consgripsiwn cenedlaethol. Efallai gyda'r gwersylloedd llafur hyn fod yr Almaen yn arwain y ffordd at ddull o achub ieuenctid Ewrop rhag effeithiau diweithdra. Ond mae'r Undebau Llafur yn gwrthwynebu'r Gwasanaeth Llafur Gwirfoddol, gan ei weld yn fygythiad i'r cytundebau cyflog maen nhw wedi brwydro i'w sefydlu.

**Ffynhonnell A** Gareth Jones, 'How Germany Tackles Unemployment', *Western Mail,* Chwefror 1933. Ysgrifennwyd yr erthygl hon ar ôl i'r awdur ymweld â'r Almaen.

### Ffynhonnell B

Dan lach unbennaeth, mae lefel gweithgarwch economaidd wedi cynyddu'n fawr. Mae ecsbloetio llafur wedi cynyddu'n fawr drwy ddiddymu'r diwrnod 8 awr, a enillwyd dros genedlaethau, a drwy'r cynnydd rhyfeddol yn y gyfradd weithio. Yn y tymor hir, os yw system ffasgaidd yn dweud mai priodi a chenhedlu cynifer o blant ag sy'n bosibl yw dyletswydd cyntaf unrhyw ddinesydd, ni all y system honno fforddio lleihau nifer y tai sydd ar gael yn barhaus ar gyfer y nifer cynyddol o aelwydydd sy'n ehangu. Caiff 12–13 biliwn Reichsmark eu gwasgu o'r incwm cenedlaethol ar gyfer ailarfogi, ond hyd yn oed wedyn dyw hi ddim yn bosibl gwneud popeth ar yr un pryd gyda'r biliynau a gymerwyd. Dyw hi ddim yn bosibl creu mwy o arfau ar gyfer y tir a'r awyr, adeiladu llynges enfawr, creu gosodiadau anferth a chodi adeiladau crand i gyd ar yr un pryd. Ar sail safonau byw pobl yr Almaen hyd yma, mae modd gwneud y naill neu'r llall neu ychydig o bopeth, ond nid popeth ar yr un pryd ac mewn dimensiynau diderfyn.

**Ffynhonnell B** Adroddiad cyfrinachol i arweinyddiaeth Plaid Ddemocrataidd Sosialaidd yr Almaen, mewn alltudiaeth (SoPaDe). Mae'r adroddiad yn asesu sefyllfa economaidd yr Almaen ym mis Gorffennaf 1938, a chafodd ei ddosbarthu dramor.

### Ffynhonnell C

Rydym ni'n wynebu her filwrol ddifrifol yn Rwsia. Rhyfel diarbed yw'r hyn sydd ei angen. Mae'r perygl sy'n ein hwynebu yn enfawr. Rhaid i'r ymdrechion a wnawn i'w wynebu fod yr un mor enfawr. Ni allwn bellach wneud defnydd rhannol ac esgeulus yn unig o botensial rhyfel yma gartref, ac yn y rhannau sylweddol o Ewrop sydd dan ein rheolaeth. Rhaid i ni ddefnyddio ein hadnoddau llawn, mor gyflym a thrylwyr ag sy'n bosibl yn sefydliadol ac yn ymarferol. Rydym ni'n wirfoddol yn ildio rhan sylweddol o'n safon byw i gynyddu ein hymdrech rhyfel mor gyflym a chyflawn â phosibl. Nid yw hyn yn amcan ynddo'i hun, ond yn hytrach yn fodd o gyrraedd y nod. Mae holl ymdrech y rhyfel diarbed wedi dod yn fater i holl bobl yr Almaen. Does gan neb unrhyw esgus dros anwybyddu ei ofynion. Rhaid i ni ddioddef unrhyw faich, hyd yn oed y trymaf, a gwneud unrhyw aberth, os bydd yn arwain at nod hollbwysig buddugoliaeth. Rhaid i bawb ddysgu gofalu am gynnal ysbryd y rhyfel, a thalu sylw i ofynion cyfiawn y bobl sy'n gweithio ac yn ymladd. Y broblem yw rhyddhau milwyr i'r ffrynt, a rhyddhau gweithwyr i'r diwydiant arfau. Y rheswm am ein mesurau presennol yw gwneud defnydd o'r gweithwyr angenrheidiol. Mae'r ddyletswydd ar fenywod i weithio yn hanfodol. Po fwyaf fydd yn ymuno ag ymdrech y rhyfel, y mwyaf o filwyr y gallwn ni eu rhyddhau i'r ffrynt. Rwyf i'n argyhoeddedig fod menywod yr Almaen yn benderfynol o lenwi'r bwlch a adawyd gan ddynion sy'n gadael am y ffrynt, a hynny cyn gynted â phosibl.

**Ffynhonnell C** Joseph Goebbels, gweinidog propaganda, mewn darllediad radio i bobl yr Almaen gyda'r teitl 'Codwch, Genedl, a Rhyddhau'r Storm', Berlin, 1943.

**Gan gyfeirio at y ffynonellau a'r hyn rydych chi'n ei ddeall am y cyd-destun hanesyddol, aseswch werth y tair ffynhonnell i hanesydd wrth astudio polisi economaidd y Natsïaid rhwng 1933 ac 1943.**

[30 marc]

### Myfyriwr A

Mae'r ffynonellau hyn yn werthfawr i hanesydd sy'n astudio datblygiad polisi economaidd y Natsïaid yn y cyfnod rhwng 1933 ac 1943 gan eu bod yn cwmpasu tri cham datblygiad economaidd y Natsïaid, sef yr adferiad yn 1933, ailarfogi o 1936 i 1938, a rhyfel diarbed yn y cyfnod ar ôl 1943 dan Albert Speer.

Ysgrifennwyd Ffynhonnell A gan newyddiadurwr tramor ar ymweliad, ac mae'n dangos y dulliau roedd y Natsïaid yn eu defnyddio i ailadeiladu economi ddrylliedig yr Almaen yn dilyn Cwymp Wall Street yn 1929. Roedd y dirwasgiad economaidd a ddaeth yn ei sgil wedi achosi problem ddiweithdra enfawr yn yr Almaen o hyd at 6 miliwn o bobl.

Dechreuodd Gweriniaeth Weimar ar raglen o waith cyhoeddus. Parhaodd y Natsïaid â hyn, ond roedd fel pe baen nhw'n ei wneud yn fwy effeithiol. Mae'r ffynhonnell yn werthfawr i hanesydd gan ei bod yn dangos man cychwyn ailddatblygu'r economi dan y Natsïaid gan Schacht, sef yr un a ddechreuodd adferiad yr Almaen. Wrth gwrs, roedd hyn i gyd yn rhan o'r broses o atgyfnerthu grym, gan fod y Natsïaid yn ystyried bod polisi economaidd llwyddiannus yn fodd o ennill cefnogaeth.

Mewn gwirionedd, mae'r erthygl yn anwybyddu rhai o agweddau mwyaf negyddol y rhaglen Natsïaidd, oedd yn tynnu menywod ac Iddewon allan o'r economi.

Ond mae'n glir i hanesydd hefyd, fodd bynnag, nad oedd pawb yn cytuno â'r rhaglen, oherwydd roedd yr Undebau Llafur yn ei gwrthwynebu. Yn ddiweddarach, bydden nhw'n cael eu diddymu. Mae tôn y ffynhonnell yn gadarnhaol ar y cyfan oherwydd bod y gohebydd, sydd o Gymru, yn cymharu'r hyn sy'n digwydd yng Nghymru ar yr un pryd, ac yn gweld y camau a gymerwyd gan lywodraeth yr Almaen yn rhai cadarnhaol.

Efallai ei fod wedi'i berswadio gan y ffaith bod rhywfaint o gefnogaeth ryngwladol i'r gyfundrefn ar y pryd, yn enwedig gan y gallai'r Almaen fod yn wladwriaeth gref yn Ewrop i atal bygythiad comiwnyddiaeth.

Gallai'r ffaith ei bod yn erthygl bapur newydd effeithio ar gywirdeb y ffynhonnell i hanesydd sy'n astudio polisi economaidd, oherwydd bod yr erthygl fel pe bai'n derbyn yn ddigwestiwn yr hyn roedd y Natsïaid yn ceisio ei wneud, ac yn ei gynnig fel datrysiad posibl i'r hyn oedd yn digwydd ym Mhrydain ar y pryd. Mae'n bosibl bod yr awdur yn cydymdeimlo gormod â rhaglen economaidd y Natsïaid.

**ⓐ** Mae'r myfyriwr wedi ceisio dadansoddi a gwerthuso Ffynhonnell A yn hytrach na chrynhoi cynnwys y ffynhonnell yn unig. Mae'r sylwadau sy'n gwerthuso'r ffynhonnell wedi cael eu datblygu, ac mae'r myfyriwr wedi ceisio gosod y ffynhonnell yng nghyd-destun cyffredinol yr ymholiad dan sylw. Mae'n cyfeirio at y Dirwasgiad a diweithdra. Mae'r myfyriwr wedi cyflwyno barn ar werth y ffynhonnell i hanesydd sy'n astudio polisi economaidd y Natsïaid yn y cyfnod 1933–43.

Daw Ffynhonnell B o adroddiad gan y Blaid Ddemocrataidd Sosialaidd yn ei halltudiaeth. Mae'n cynnig sylwadau ar effeithiau'r Cynllun Pedair Blynedd, a gyflwynwyd gan Göring yn 1936. Llwyddodd y cynllun hwn i osod yr Almaen ar lwybr ailarfogi trylwyr, dim ots beth oedd y gost. Mae tôn y ffynhonnell yn amlwg yn wrth-Natsïaidd o gofio ei bod yn dod gan eu gwrthwynebwyr gwleidyddol, felly byddai hanesydd yn gorfod trin y ffynhonnell yn ofalus.

Mae'r ffynhonnell yn werthfawr i hanesydd sy'n astudio polisi economaidd am ei bod yn cynnig barn gyfoes ar ddatblygiadau polisi economaidd y Natsïaid, ac yn dangos sut roedd ailarfogi'n flaenoriaeth economaidd i'r gyfundrefn er gwaethaf y canlyniadau cymdeithasol. Fodd bynnag, mae'n wir dweud nad oedd Hitler yn awyddus i golli cefnogaeth y bobl drwy wneud y sefyllfa ddomestig yn amhosibl iddyn nhw, er bod Göring wedi bathu'r term 'gynnau neu fenyn'.

Mae'r ffynhonnell yn werthfawr i hanesydd am ei bod yn dangos bod y gyfundrefn Natsïaidd yn cael ei gyrru gan nodau ideolegol ar gyfer polisi tramor, ac nad oedd bob amser yn dewis yn gywir. Ailarfogi oedd y cam cyntaf ar y llwybr at bolisi tramor ymosodol.

**ⓐ** Unwaith eto mae'r myfyriwr wedi osgoi tynnu gwybodaeth o'r ffynhonnell yn unig. Mae yma rywfaint o ymwybyddiaeth gyd-destunol dda, er bod y myfyriwr yn tueddu i lithro i drafodaeth gyffredinol ar arwyddocâd polisi economaidd y Natsïaid. Mae'r myfyriwr wedi cynhyrchu rhywfaint o werthuso ystyrlon o'r ffynhonnell, sy'n adlewyrchu cynnwys cyffredinol y ffynhonnell. Er bod y myfyriwr wedi canolbwyntio ar ddatblygiad y polisi economaidd, mae angen iddo/iddi ganolbwyntio ar gyd-destun hanesyddol gyda dyddiad mwy penodol er mwyn llunio barn fwy rhesymegol ar werth y ffynhonnell i hanesydd.

Mae Ffynhonnell C yn ddarllediad radio gan y gweinidog propaganda Joseph Goebbels. Yn y darllediad hwn, mae Goebbels yn ceisio ysbrydoli pobl yr Almaen i ymrwymo i ryfel diarbed. Roedd gofynion y rhyfel yn fawr, ac mae'n galw ar bob Almaenwr i godi i wynebu'r her.

Mae'r ffynhonnell yn werthfawr i hanesydd sy'n astudio polisi economaidd gan ei bod yn dangos sut roedd polisi cymdeithasol o gadw menywod allan o'r gweithle bellach wedi troi yn bolisi economaidd o reidrwydd. Roedd yn fater o gael pawb i gyfrannu yn ystod y rhyfel.

Mae'r ffaith fod Goebbels yn weinidog propaganda yn golygu y bydd raid i hanesydd ddefnyddio'r ffynhonnell hon yn ofalus, felly mae'n bosibl na fydd yn gwbl werthfawr.

Ond mae tôn o anobaith yn y ffynhonnell hon sy'n werthfawr i hanesydd drwy ddangos bod y rhyfel ar ddau ffrynt, yn y gorllewin a'r dwyrain, yn effeithio ar bobl yr Almaen, ac nad oedd economi'r rhyfel yn bodloni'r anghenion milwrol.

Yn gyffredinol, mae'r tair ffynhonnell yn werthfawr i hanesydd oherwydd eu bod yn dangos sut y datblygodd polisi economaidd y Natsïaid yn y cyfnod 1933–43 a sut y newidiodd y blaenoriaethau economaidd. Mae'r ffynonellau yn dangos mai'r hyn oedd yn bwysig yn 1933 oedd ymosod yn gryf ar ddiweithdra, fyddai'n galluogi'r Natsïaid i atgyfnerthu'r gyfundrefn. Mae'r ail ffynhonnell yn dangos sut roedd y Natsïaid bellach ar genhadaeth ideolegol i ailarfogi er mwyn iddyn nhw allu dilyn y polisïau ymosodol sydd i'w gweld yn Ffynhonnell C.

**ⓐ** Nid yw'r myfyriwr wedi manteisio ar y cyfle i ystyried cyd-destun 1943, ac mae hyn yn golygu bod anghydbwysedd yn yr ymdriniaeth o'r tair ffynhonnell yn yr ymateb. Mae'r sylwadau sy'n gwerthuso'r ffynhonnell ychydig yn fwy mecanistig a fformiwläig mewn perthynas â Ffynhonnell C. Roedd angen i'r myfyriwr osod y ffynhonnell yng nghyd-destun y digwyddiadau yn 1943 a arweiniodd at y darllediad radio. Yn y ffordd hon byddai modd cysylltu cyd-destun tarddiad y ffynhonnell yn uniongyrchol â phwnc polisi economaidd.

Yn gyffredinol, mae'r myfyriwr wedi ceisio dadansoddi a gwerthuso'r tair ffynhonnell mewn perthynas â rhywfaint o gyd-destun penodol a rhywfaint o gyd-destun cyffredinol yr ymholiad dan sylw. Mae'n cynnig barn gadarn ynghylch gwerth y ffynonellau i hanesydd mewn o leiaf dwy o'r tair ffynhonnell.

**ⓐ Sgôr: 23/30 marc = ar y ffin rhwng A\* ac A**

## Myfyriwr B

Rhwng 1933 ac 1943 aeth economi'r Natsïaid drwy nifer o ddatblygiadau gwahanol. Mae'r tair ffynhonnell yn dangos nifer o wahanol gamau yn y datblygiad.

Daw Ffynhonnell A o erthygl papur newydd a ysgrifennwyd yn y Western Mail. Mae'r ffynhonnell yn canolbwyntio ar sut roedd yr Almaen yn ymdrin â diweithdra yn 1933. Dywed y ffynhonnell wrthym fod y llywodraeth Natsïaidd yn parhau â Gwasanaeth Llafur Gwirfoddol o waith cyhoeddus, gan sefydlu miloedd o wersylloedd llafur drwy'r Almaen. Roedd yr holl waith yn cael ei wneud er budd y cyhoedd. Dywed y ffynhonnell fod y Natsïaid yn awyddus i wneud y cynllun yn orfodol, ond bod Undebau Llafur yr Almaen yn gwrthwynebu cynllun o'r fath.

Daw'r ffynhonnell o fis Chwefror 1933, un mis ar ôl i'r Natsïaid ddod i rym yn yr Almaen ac un mis cyn etholiad Mawrth 5, a arweiniodd at atgyfnerthu grym y Natsïaid yn yr Almaen.

Mae hwn yn ddefnyddiol i hanesydd oherwydd y cafodd ei gynhyrchu y tu allan i'r Almaen gan ohebydd oedd ar ymweliad. Bydd y gohebydd wedi tystio i'r hyn a welodd, er ei fod efallai wedi gor-ddweud ei adroddiad gan fod gohebwyr yn tueddu i orbwysleisio er mwyn gwerthu papurau newydd.

**a** Mae'r myfyriwr wedi tynnu gwybodaeth o'r ffynhonnell gyntaf, ac wedi gwneud rhai sylwadau mecanistig iawn ar y math o ffynhonnell wrth ei gwerthuso. Ond nid yw'r myfyriwr wedi canolbwyntio ar y cyd-destun hanesyddol cywir chwaith — mae wedi edrych ar y cyd-destun mewn perthynas ag atgyfnerthu grym y Natsïaid, yn hytrach na pholisi economaidd. Mae'r myfyriwr wedi cymryd cam gwag drwy gyflwyno barn fecanistig ar ddefnyddioldeb y ffynhonnell, yn hytrach na gwerth y ffynhonnell i hanesydd sy'n astudio polisi economaidd y Natsïaid yn y cyfnod 1933–43.

> Daw Ffynhonnell B o adroddiad cyfrinachol gan Blaid Ddemocrataidd Sosialaidd yr Almaen, a chafodd ei llunio ym mis Gorffennaf 1938. Yn ystod y cyfnod hwn byddai'r blaid yn ysbïo ar y digwyddiadau yn yr Almaen ac yn lledaenu ei chanfyddiadau ledled Ewrop. Gallai hyn ddangos tuedd, oherwydd byddai'r blaid yn dweud pethau negyddol am y gyfundrefn Natsïaidd gan ei bod wedi'i halltudio. Mae'r ffynhonnell hon hefyd yn ddefnyddiol i hanesydd sy'n astudio polisi economaidd y Natsïaid, am ei bod yn dod o safbwynt y gwrthwynebwyr.
>
> Mae'r ffynhonnell yn dangos bod yr Almaen yn ailarfogi ar y pryd, a bod hyn yn cael effaith negyddol ar safon byw pobl yr Almaen. Roedd y llywodraeth yn gwario rhwng 12 a 13 biliwn Reichsmark ar ailarfogi.
>
> Mae tôn y ffynhonnell hon yn negyddol iawn, a byddai hyn yn ddefnyddiol i hanesydd sy'n astudio polisi economaidd y Natsïaid am nad yw'n ddarn o bropaganda Natsïaidd, ond yn hytrach yn dweud wrth yr hanesydd beth roedden nhw'n ei weld yn yr Almaen yn 1938.

**a** Mae'r myfyriwr wedi parhau i ganolbwyntio ar gynnwys y ffynhonnell, gan dynnu rhywfaint o wybodaeth ohoni am ailarfogi. Mae'n gwerthuso'r ffynhonnell mewn ffordd fecanistig hefyd, gan ganolbwyntio ar dôn a thuedd. Unwaith eto, nid yw'r myfyriwr wedi cynnwys unrhyw ymwybyddiaeth gyd-destunol gyffredinol na phriodol i'r ateb am bolisi economaidd y Natsïaid yn 1938. Mae'r farn unwaith eto'n canolbwyntio ar ddefnyddioldeb y ffynhonnell, ac nid yw'n llwyddo i ateb yr union gwestiwn a osodwyd.

> Yn olaf, daw Ffynhonnell C o ddarllediad radio gan Joseph Goebbels, oedd yn weinidog propaganda'r Almaen. Bydd hwn yn amlwg yn dangos tuedd oherwydd ei fod am gyflwyno'r Natsïaid a'u polisïau mewn golau cadarnhaol. Dywed y ffynhonnell wrth hanesydd fod yr Almaen bellach yn gweithredu economi rhyfel diarbed, a bod y gymdeithas gyfan yn gweithio ar ymdrech y rhyfel. Mae'n dangos bod menywod bellach yn gweithio llawn amser yn y ffatrïoedd, a bod hynny'n caniatáu anfon rhagor o ddynion i'r llinell flaen. Mae hyn yn ddefnyddiol i hanesydd gan ei fod yn dangos mai prif ffocws yr economi oedd rhyfel.
>
> I gloi, mae'r holl ffynonellau yn ddefnyddiol i hanesydd sy'n astudio polisi economaidd y Natsïaid rhwng 1933 ac 1943. Ffynhonnell A yw'r lleiaf defnyddiol gan ei bod yn trafod polisi economaidd Weimar yn bennaf. Roedd Ffynhonnell B yn ddefnyddiol iawn am ei bod yn dangos newid i ailarfogi, ond mae'n dangos llawer o duedd am ei bod yn amlygu agwedd plaid wrthwynebus oedd wedi'i halltudio. Mae Ffynhonnell C hefyd yn ddefnyddiol iawn am ei bod yn dangos y ffocws ar ryfel diarbed.

**ⓐ** Mae Ffynhonnell C yn dilyn patrwm tebyg i'r ddwy ffynhonnell arall. Mae'r ymateb wedi'i lunio o gwmpas yr hyn mae'r myfyriwr wedi'i gael o fewn y deunyddiau a ddarparwyd. Nid yw'r myfyriwr wedi dod ag unrhyw beth ychwanegol o ran cyd-destun y ffynonellau, na chyd-destun y cwestiwn penodol ar bolisi economaidd. Mae'n ymateb sy'n bennaf yn seiliedig ar y ffynonellau eu hunain, gyda rhywfaint o werthuso mecanistig sy'n canolbwyntio ar y mathau o ffynonellau.

Mae'r ymateb yn ceisio ystyried cyd-destun y deunydd a ddarparwyd, ac yn cynnig barn gyfyngedig ar ddefnyddioldeb pob un o'r tair ffynhonnell i hanesydd sy'n astudio polisi economaidd y Natsïaid. Mae'r myfyriwr wedi cymharu gwerth y ffynonellau yn y casgliad, ond nid oes angen hyn yn ôl gofynion penodol y cwestiwn.

**ⓐ** **Sgôr: 15/30 marc = ar y ffin rhwng C a D**

# ■ Adran B

Atebwch UN Cwestiwn, naill ai cwestiwn 2 neu gwestiwn 3.

## Cwestiwn 2

**Pa mor effeithiol oedd polisïau cymdeithasol, crefyddol a hiliol wrth gynnal y gefnogaeth i'r gyfundrefn Natsïaidd yn y cyfnod 1933–1945?**

### Myfyriwr A

Gellid dadlau bod y polisïau cymdeithasol, crefyddol a hiliol yn effeithiol wrth gynnal cefnogaeth i'r gyfundrefn Natsïaidd, er iddyn nhw arwain at lefelau amrywiol o gefnogaeth i'r gyfundrefn Natsïaidd ar wahanol adegau ac i wahanol raddau. Er enghraifft, sicrhaodd Concordat 1933 gydymffurfiad yr Eglwys Gatholig ar unwaith, ond nid ataliodd yr eglwys rhag beirniadu'r rhaglen ewthanasia yn 1937. Er bod gwahardd undebau llafur yn 1933 wedi tawelu llais y dosbarth gweithiol, ni lwyddodd i atal streicio answyddogol a gweithio'n araf oherwydd cyflog gwael ac oriau hir.

ⓔ Mae'r myfyriwr wedi mynd i'r afael â'r union gwestiwn dan sylw, gan ddechrau gyda dadansoddiad a gwerthusiad cyffredinol o effeithiolrwydd y polisïau cymdeithasol, crefyddol a hiliol wrth gynnal cefnogaeth i'r gyfundrefn Natsïaidd rhwng 1933 ac 1945. Dylai'r cyflwyniad ganiatáu i'r myfyriwr drafod y cysyniad allweddol, yn hytrach na llunio rhestr gyffredinol o bolisïau cymdeithasol, crefyddol a hiliol.

Arweiniodd polisïau cymdeithasol y Natsïaid at lefelau amrywiol o gefnogaeth, ond ar y cyfan roedden nhw'n effeithiol wrth gynnal cefnogaeth i'r gyfundrefn Natsïaidd. Roedd y polisi ieuenctid, er enghraifft, yn llwyddiannus iawn ar y dechrau wrth ddenu cefnogaeth pobl ifanc a phobl yr Almaen yn gyffredinol. Cafodd pobl ifanc eu cyflyru i fod yn Natsïaid ffyddlon, er bod adroddiadau SoPaDe yn herio'r gefnogaeth gyffredinol hon drwy awgrymu bod pobl ifanc yn fwy cefnogol i'r sefydliad ei hun, yn hytrach nag i'r Blaid Natsïaidd oedd wedi'i roi ar waith. Roedd y bobl ifanc yn awyddus am weithredu, ac yn wrthryfelgar eu natur. Ond er gwaethaf cefnogaeth gychwynnol eang, datblygodd diwylliant Ieuenctid Swing ar wahân wrth i Fudiad Ieuenctid Hitler ddod yn fwyfwy milwrol, a throdd llawer o bobl ifanc at sefydliadau eglwysig.

Symudodd menywod eu cefnogaeth yn ôl ac ymlaen o'r gyfundrefn hefyd, a hynny o ganlyniad i bolisi cymdeithasol y Natsïaid. Ar y dechrau gorfodwyd menywod i adael eu swyddi, wrth i'r Natsïaid weld rôl menywod yn wahanol yn nhermau rôl ddomestig naturiol fel gwragedd a mamau. Cynigiwyd bonws plant a benthyciadau teuluol i fenywod yr Almaen. Ond roedd rhai menywod wedi cael eu gwasgu allan o'r proffesiynau, cyn cael eu gorfodi'n ôl i weithio oherwydd bod ailarfogi a chonsgripsiwn wedi creu prinder llafur. Bu raid iddyn nhw ddioddef baich oriau hir a chyfrifoldebau teuluol.

Roedd rhai menywod yn ymhyfrydu yn eu statws newydd, gan ildio eu rhyddid gwleidyddol a'u cyfleoedd gwaith yn hapus yn gyfnewid am y statws roedd y Natsïaid yn ei roi iddynt. Roedden nhw'n cydweithio'n agored i ledaenu gwerthoedd Natsïaidd. Yn gyffredinol, cydymffurfiodd menywod â disgwyliadau polisi cymdeithasol y Natsïaid, ac felly yn hyn o beth roedden nhw'n llwyddiannus iawn.

Defnyddiwyd propaganda a chyflyru drwy'r gymdeithas gyfan er mwyn creu poblogaeth y gellid ei thrin. Roedd y Natsïaid yn awyddus i greu Cymuned Genedlaethol drwy eu polisïau cymdeithasol, ac roedd y rhan fwyaf o Almaenwyr yn awyddus i ddod yn rhan o'r gymuned ddelfrydol hon.

🅐 Mae'r myfyriwr wedi dechrau trafod cysyniad allweddol y cwestiwn mewn perthynas â pholisi cymdeithasol. Mae'r dull yn dal i fod yn ddadansoddol ar y cyfan, ac mae barn wedi'i llunio mewn perthynas ag effeithiolrwydd polisi cymdeithasol y Natsïaid wrth gynnal y gefnogaeth i'r gyfundrefn Natsïaidd.

Ni fu polisïau crefyddol y Natsïaid fyth yn gwbl effeithiol wrth gynnal cefnogaeth. Roedd y gefnogaeth i'r eglwys yn rhy gryf. Roedd y Concordat, i ddechrau, wedi ennill cefnogaeth yr eglwys gan ei bod wedi cytuno i'w chyfyngu ei hun i faterion crefyddol a pheidio â gwneud sylwadau ar faterion gwleidyddol. Ond roedd y Pab yn feirniadol o'r ffaith nad oedd y gyfundrefn Natsïaidd yn cadw at delerau Concordat 1933. Dechreuodd yr eglwys amau'r gyfundrefn Natsïaidd. Doedd dim cefnogaeth i'r syniad o greu eglwys y Reich Natsïaidd, ac yn wir, sefydlwyd yr Eglwys Gyffesol mewn gwrthwynebiad. Penderfynodd yr Esgob Galen o'r eglwys Gatholig feirniadu'r rhaglen ewthanasia yn gyhoeddus hefyd.

Doedd dim llawer o wrthsafiad yn erbyn polisi hiliol y Natsïaid, ac felly mae'n rhaid ei fod yn effeithiol wrth gynnal cefnogaeth, oherwydd roedd gwrthsemitiaeth yn eang drwy Ewrop gyfan hyd yn oed cyn i'r Natsïaid ddod i rym. Cafodd Iddewon eu targedu yn y lle cyntaf drwy foicotio eu busnesau. Yna daeth Deddfau Nürnberg yn 1935, gan dynnu hawliau dinasyddiaeth oddi ar yr Iddewon. Yn ddiweddarach, sefydlwyd gwersylloedd crynhoi wrth symud at yr Ateb Terfynol.

Roedd rhywfaint o wrthwynebiad i wrth-Semitiaeth, ond doedd dim llawer o wrthwynebiad cyhoeddus i'r polisi. Felly gellid dweud bod y polisïau hiliol yn effeithiol wrth gynnal cefnogaeth i'r gyfundrefn. Er enghraifft, doedd y rhan fwyaf o bobl ddim yn gwrthwynebu'r syniad o hil oruchaf.

🅐 Mae'r myfyriwr wedi canolbwyntio ar rai agweddau o bolisi crefyddol a hiliol, ond cafwyd tueddi i lithro tuag at esbonio mewn ambell le, yn lle canolbwyntio ar ddatblygu dadl drwy ddadansoddi a gwerthuso'r materion allweddol. Mae angen gwerthuso'r materion allweddol yn fwy ystyrlon a rhesymegol. Mae ymdrech i ddod i ryw fath o farn gytbwys ar bolisi hiliol a chrefyddol mewn perthynas â'r cwestiwn.

I gloi, ar adegau roedd polisïau cymdeithasol, crefyddol a hiliol yn effeithiol ac yn aneffeithiol wrth gynnal cefnogaeth i'r gyfundrefn Natsïaidd. Yn y lle cyntaf, mae'n debygol o fod yn gywir os dywedwn fod y polisïau'n effeithiol gan fod yr eglwys ar y dechrau'n fodlon â'r ffaith fod ei sefydliadau wedi'u diogelu, a bod y Natsïaid wedi dinistrio comiwnyddiaeth. Cafodd y polisïau hiliol cynnar eu derbyn, er bod rhywfaint o wrthwynebiad i faint eu datblygiad, yn enwedig yn ystod y rhyfel. Doedd dim llawer o wrthwynebiad i'r polisïau cymdeithasol, os o gwbl. Mae fwy na thebyg yn wir fod y rhan fwyaf o Almaenwyr yn byw mewn ofn o fraw y Natsïaid, ac felly byddai hynny'n golygu bod y polisïau cymdeithasol, crefyddol a hiliol yn ymddangos yn fwy effeithiol nag oedden nhw mewn gwirionedd.

ⓐ Mae'r ymateb yn canolbwyntio'n bennaf ar ddadlau'r cysyniad allweddol yn y cwestiwn gosod. Mae'r ymateb yn ymdrin â nifer o'r prif ddatblygiadau, er bod ansawdd y drafodaeth yn amrywio ar adegau. Mae'n cynnig barn resymol gytbwys a phriodol. Mae'r myfyriwr wedi gwneud ymdrech lwyddiannus ar y cyfan i ymdrin â'r materion allweddol ac ateb yr union gwestiwn a osodwyd.

ⓐ **Sgôr: 23/30 marc = ar y ffin rhwng A\* ac A**

## Cwestiwn 3

**I ba raddau rydych chi'n cytuno mai arweinyddiaeth Hitler oedd yn bennaf cyfrifol am y ffaith i'r Almaen gael ei threchu yn yr Ail Ryfel Byd?**

### Myfyriwr B

Mae nifer o ffactorau'n cyfrannu at y rheswm pam y collodd yr Almaen yr Ail Ryfel Byd. Mae'r rhain yn cynnwys colledion milwrol allweddol, fel yr ymosodiad ar Stalingrad, a'r ffaith nad oedd economi'r Almaen yn barod am ryfel hirfaith. Gallwn gynnwys cryfder lluoedd y Cynghreiriaid yma hefyd, ac yn olaf, arweinyddiaeth wan Hitler. Byddaf yn ystyried pob un o'r materion hyn yn eu tro, ac yn llunio barn gyffredinol wrth ofyn pam y gorchfygwyd yr Almaen.

ⓐ Nid yw'r myfyriwr wedi ymdrin â'r union gwestiwn gafodd ei osod. Nid yw'r myfyriwr wedi nodi'r cysyniad allweddol yn y cwestiwn yn yr achos hwn, sef gofyn ai Hitler oedd yn bennaf cyfrifol bod yr Almaen wedi'i threchu yn yr Ail Ryfel Byd. Mae'r myfyriwr wedi nodi rhestr o ffactorau a gyfrannodd at drechu'r Almaen, a'r perygl yw y bydd yr ymateb yn troi'n drafodaeth gyffredinol ar y ffactorau, digwyddiadau a datblygiadau hyn.

Pan ymosododd yr Almaen ar Wlad Pwyl yn 1939, doedd yr Almaen ddim yn barod am ryfel mawr mewn gwirionedd. Roedd Cynllun Pedair Blynedd Göring wedi'i gynllunio i greu economi rhyfel, ond drwy gydol cyfnodau hwyrach y rhyfel, dioddefodd yr economi'n ddifrifol. Y prif reswm am fethiant yr economi oedd bod blaenoriaeth yn cael ei rhoi i nodau ideolegol, oedd yn bwysicach nag anghenion milwrol. Er enghraifft, defnyddiwyd y rheilffyrdd i gludo Iddewon i'r gwersylloedd crynhoi, yn hytrach na chludo deunyddiau i ffatrïoedd a'r llinell flaen. Effeithiodd hyn ar fyddin yr Almaen, a chafodd effaith dymor hir ar effeithiolrwydd yr ymgyrch filwrol.

O ganlyniad, doedd byddin yr Almaen ddim yn gallu brwydro effeithiau gaeafau Rwsia yn dilyn yr ymosodiad yn 1941. Yn y pen draw, cyfrannodd hyn at gael eu gorchfygu yn Stalingrad, oedd yn drobwynt pwysig ym methiant llwyddiant milwrol yr Almaen. Hefyd, cafodd erlid yr Iddewon effaith negyddol enfawr ar botensial yr Almaen i ennill y rhyfel, oherwydd roedd tynnu gwyddonwyr Iddewig o'r gwaith o ddatblygu arfau yn golygu nad oedd gan fyddin yr Almaen fynediad at arfau niwclear, a allai fod wedi newid canlyniad y rhyfel. At hynny, doedd diwydiant yr Almaen ddim yn gallu cystadlu â chryfder a grym America a'r Undeb Sofietaidd. Felly cafodd yr economi effaith fawr ar golled yr Almaen.

**a** Mae'r myfyriwr wedi trafod y rhesymau economaidd pam y gorchfygwyd yr Almaen, ond nid yw wedi gwneud unrhyw ymdrech i gysylltu hyn ag arweinyddiaeth Hitler. Mae awgrym bod y myfyriwr yn dechrau canolbwyntio ar drobwyntiau yn ystod y rhyfel, yn hytrach nag ar yr union gwestiwn dan sylw.

Gellid dadlau hefyd fod cynghrair Prydain, America a'r Undeb Sofietaidd yn niweidiol i'r Almaen. Chwaraeodd digwyddiadau fel D-Day rôl bwysig wrth orchfygu'r Almaen. Roedd hwn yn gyrch gafodd ei gynllunio'n dda, gan argyhoeddi'r Almaenwyr mai o Calais y deuai'r ymosodiad, ac nid o Normandi.

Gellid dadlau mai Cyrch Overlord oedd y trobwynt mwyaf yn ystod y rhyfel. Roedd methiant Cyrch Barbarossa hefyd yn ffactor pwysig yng ngorchfygiad yr Almaen, oherwydd iddo arwain at greu rhyfel ar ddau ffrynt. Gorfodwyd yr Almaen i rannu ei hadnoddau er mwyn ateb gofynion y rhyfel yn y dwyrain a'r gorllewin. Y nod cychwynnol oedd cipio meysydd olew'r Cawcasws, a fyddai wedi golygu bod adnoddau hanfodol ar gael i'r Almaen.

Doedd ymdrech ryfel yr Almaen ddim yn elwa o'r ffocws ar Stalingrad mewn gwirionedd, ar wahân i fodloni obsesiwn ideolegol y gyfundrefn Natsïaidd i drechu Bolsiefigiaeth. Roedd gorchfygiad yr Almaen yn Stalingrad yn drobwynt arall yn y rhyfel.

**a** Mae'r myfyriwr wedi parhau i nodi trobwyntiau yn yr Ail Ryfel Byd. Mae'n dechrau symud at fater yr arweinyddiaeth wrth gyfeirio at yr ymosodiad fel obsesiwn ideolegol, ond nid yw hyn yn cael ei ddatblygu mewn unrhyw ffordd. Yn gyffredinol, mae'n llithro oddi wrth yr union gwestiwn gafodd ei osod.

Does dim amheuaeth fod Hitler wedi gwneud rhai penderfyniadau milwrol hynod o amheus. Yn sicr fe wnaeth gamgymeriad wrth ymosod ar yr Undeb Sofietaidd, ond un o'i gamgymeriadau mwyaf, mae'n debyg, oedd peidio â manteisio ar y ffaith fod milwyr y Cynghreiriaid wedi'u dal yn Dunkirk. Yn ogystal â hynny, ailgyfeiriodd gyrchoedd bomio'r Almaen at y dinasoedd ac i ffwrdd o'r canolfannau milwrol. Yn y ffordd hon, roedd arweinyddiaeth wan Hitler yn rheswm arall pam cafodd yr Almaen ei gorchfygu yn yr Ail Ryfel Byd.

**a** Dyma'r cyfeiriad cyntaf mewn gwirionedd at arweinyddiaeth Hitler, ond dim ond yn nhermau ei strategaeth filwrol. At hynny, caiff y ffocws ar arweinyddiaeth ei gyflwyno fel ffactor arall eto yng ngorchfygiad yr Almaen. Does dim ymdrech i bwyso arwyddocâd arweinyddiaeth yn erbyn y ffactorau eraill er mwyn llunio barn ar yr hyn oedd yn bennaf cyfrifol am orchfygiad yr Almaen. Mae'r ffocws yn parhau ar ymateb cyffredinol sy'n ystyried pa gyfuniad o ffactorau oedd yn gyfrifol.

I gloi, roedd nifer o resymau pam y cafodd yr Almaen ei gorchfygu yn yr Ail Ryfel Byd, ac roedd arweinyddiaeth Hitler yn amlwg yn un o'r rhain. Cafodd gwendid yr economi, digwyddiadau fel D-Day a'r ffaith i'r Eidal ildio effaith hefyd. Cafodd penderfyniad Hitler i ymosod ar yr Undeb Sofietaidd effaith yn ogystal, oherwydd creodd ryfel ar ddau ffrynt, a gorfod ymladd yn erbyn pwerau cryfaf y byd. Er bod yr Almaen wedi dioddef llawer o golledion milwrol wrth law'r Cynghreiriaid, mae'n debygol y byddai'r Almaen wedi bod â llawer gwell siawns o ennill y rhyfel, oni bai am sgiliau arweinyddiaeth gwan Hitler.

Felly, yn gyffredinol, rwy'n credu mai arweinyddiaeth Hitler oedd yn bennaf cyfrifol am orchfygiad yr Almaen.

**ⓐ** Mae'r ymateb yn canolbwyntio rhywfaint ar y materion allweddol, gan ddechrau trafod y rhain er mwyn llunio barn ar y cwestiwn gosod. Cafwyd barn ddilys, er ei bod yn gyfyngedig. Ond nid oes digon o resymeg, ac nid yw wedi'i chefnogi yn unman arall yn yr ateb. Nid yw'r cwestiwn sy'n gofyn ai arweinyddiaeth Hitler oedd yn bennaf cyfrifol am orchfygiad yr Almaen wedi'i ateb, ac felly nid yw cysyniad allweddol y cwestiwn wedi'i drafod. Daw'r cyfeiriad uniongyrchol cyntaf at y cysyniad allweddol ar ddiwedd yr ateb. Mae nifer o bethau wedi cael eu honni yn yr ymateb, ond nid ydyn nhw wedi'u cefnogi. Mae diffyg dadansoddi a gwerthuso'r cysyniad allweddol yn yr ateb hwn.

**ⓐ Sgôr: 15/30 marc = ar y ffin rhwng C a D**

## Atebion gwirio gwybodaeth

1 Radicaleiddiodd Cwymp Wall Street farn wleidyddol yn yr Almaen, wrth i galedi economaidd neu ofn caledi arwain at dwf enfawr yn y gefnogaeth i'r Natsïaid. Roedd y Blaid Natsïaidd yn agored eu gwrthwynebiad i'r Weriniaeth. Roedd Hitler yn cynnig arweinyddiaeth gref ac yn addo dileu'r bygythiad yn sgil cefnogaeth gynyddol i'r KPD.

2 Cynyddodd y gefnogaeth i'r KPD, o 590,000 o bleidleisiau a 4 sedd yn y Reichstag ym mis Mehefin 1920, i 5,980,000 o bleidleisiau a 100 sedd yn y Reichstag erbyn 1932.

3 Anogodd Göring bobl i ddefnyddio trais wrth ymdrin â gweithredoedd o derfysgaeth gan Gomiwnyddion. Yn wir, yn ei hanfod rhoddodd gychwyn i'r syniad ei bod yn ddyletswydd gyhoeddus i saethu Comiwnyddion. Mae'r ordinhad hwn yn ddigon i ddangos anallu von Papen i reoli Göring.

4 Er bod y Comiwnyddion wedi'u beio am Dân y Reichstag, mae rhai wedi dadlau mai'r Natsïaid oedd yn gyfrifol oherwydd eu bod am niweidio enw da'r Comiwnyddion, a chreu awyrgylch o 'Berygl Coch'. Mae eraill wedi casglu mai Van der Lubbe, anarchydd o'r Iseldiroedd yn gweithredu ar ei ben ei hun, oedd yn gyfrifol.

5 Barnodd y Natsïaid y byddai caniatáu i'r KPD sefyll yn yr etholiad yn beth doeth, oherwydd bod yr elyniaeth draddodiadol rhwng yr SPD a'r KPD yn debygol o ailymddangos a rhannu'r bleidlais sosialaidd unwaith eto. Byddai'n sicrhau gwell cyfle i'r Natsïaid ennill mwyafrif clir.

6 Dadleuodd Röhm fod y chwyldro gwleidyddol wedi'i gyflawni. Ond roedd hefyd am weld dinistrio'r grymoedd adweithiol oedd ar ôl, gan gynnwys y fyddin yn ei ffurf gyfredol, ac annog pobl i wella'u byd yn gymdeithasol.

7 Roedd ymgyrch Cymorth y Gaeaf yn annog Almaenwyr i gael pryd o fwyd mewn un sosban, sef 'Eintopf', unwaith yr wythnos. Roedd yr arian a arbedwyd yn mynd tuag at gasgliadau i leddfu dioddefaint y tlawd.

8 Cafodd Claus von Stauffenberg ei arswydo gan y lladd a welodd adeg y rhyfel yn Rwsia, a'r driniaeth o sifiliaid Slafig. Yng nghyd-destun y gorchfygiad yn Stalingrad a'r glaniadau D-Day, roedd yn teimlo y byddai parhau â'r rhyfel yn arwain at wastraffu bywydau pobl. Roedd felly'n teimlo bod rhaid iddo weithredu yn erbyn Hitler.

9 Cyflwynwyd propaganda gwrthsemitaidd i bobl yr Almaen drwy bapurau newydd Natsïaidd fel *Der Stürmer* a chyhoeddiadau fel *Mein Kampf*, a hefyd drwy areithiau, posteri propaganda, addysg a sefydliadau fel Mudiad Ieuenctid Hitler. Cafodd gwrthsemitiaeth ei roi ar waith yn ymarferol drwy ddeddfwriaeth wahaniaethol a thrais gan yr SA a'r SS.

10 Roedd yr arlywydd a'r gweinidog tramor yn gwrthwynebu boicotio busnesau Iddewig. Roedd ganddyn nhw bryderon am yr effaith negyddol ar yr economi. Cafwyd ymateb negyddol i ddigwyddiadau yn y wasg dramor. Roedd y cyhoedd ar y cyfan yn ddi-hid, ac anwybyddodd rhai y boicot.

11 Pasiwyd cyfres o ddeddfau gwahaniaethol yn 1933.
- Ar 28 Mawrth 1933 cyhoeddodd Hitler foicot cyffredinol o Iddewon, gan anfon hwn i holl sefydliadau'r Blaid Natsïaidd.
- Ar 1 Ebrill dechreuodd boicot o fusnesau Iddewig.
- Ar 7 Ebrill, roedd y Ddeddf ar gyfer Adfer y Gwasanaeth Sifil Proffesiynol yn eithrio Iddewon yn swyddogol rhag gweithio yn y gwasanaeth sifil.
- Ar 25 Ebrill, roedd deddf yn erbyn gorlenwi ysgolion yr Almaen yn cyfyngu'r llefydd oedd ar gael i blant Iddewig.
- Cafodd deddf ei phasio ar 6 Mai i atal Iddewon rhag cael eu cyflogi fel athrawon, a deddf arall ar 2 Mehefin i'w rhwystro rhag gweithio fel deintyddion.
- O 28 Medi ymlaen, cafodd unrhyw un nad oedd yn Ariaidd, ac unrhyw un oedd yn briod â rhywun nad oedd yn Ariaidd eu heithrio o holl swyddi'r llywodraeth.
- Ar 29 Medi, gwaharddwyd Iddewon o bob gweithgaredd diwylliannol ac adloniannol.
- Ddechrau mis Hydref, roedd Deddf y Wasg Genedlaethol yn gwahardd Iddewon rhag gweithio i'r wasg.

12 Roedd priodasau cymysg wedi'u gwaharadd dan delerau'r Ddeddf ar gyfer Gwarchod Gwaed ac Anrhydedd yr Almaen. Yn ogystal, dan y ddeddf hon, nid oedd yn bosibl i fenywod yr Almaen dan 45 oed gael eu cyflogi mewn cartrefi Iddewig. Yn sgil Deddf Dinasyddiaeth y Reich, cafodd Iddewon yr Almaen eu diraddio i statws eilradd.

13 Cyflwynwyd Croes Anrhydedd y Fam Almaenig, neu'r Mutterkreuz (Croes y Fam) yn 1939, a'i dyfarnu i famau oedd wedi cael nifer penodol o blant. Rhoddwyd medal efydd i'r rheini oedd â phedwar, arian am chwech o blant, a medal aur am wyth. Er mwyn i'r fam fod yn gymwys i gael y fedal, roedd rhaid iddi hi a'i gŵr fod â gwaed Almaenig, gyda'r plant yn rhydd rhag unrhyw salwch neu anhwylderau etifeddol.

14 Dylai pob dinesydd fod â bywyd gweddus, a swydd. Dylai pob dinesydd fod â hawliau a dyletswyddau cyfartal. Dyletswydd cyntaf dinesydd yw gweithio, boed yn waith corfforol neu'n waith meddyliol. Mae eich cyfoethogi'ch hunan drwy ryfel yn drosedd yn erbyn y genedl. Dylid gwladoli pob cwmni sydd mewn perchnogaeth gyhoeddus.

15 Buddsoddodd y Natsïaid biliwn mark mewn Arbeitsdienst (sefydliadau gwaith cyhoeddus). Roedd rhaglen o adeiladu ffyrdd, camlesi a thai, ynghyd ag ailgoedwigo, adennill tir a moduro.

16 Enillodd diwydianwyr fwy yn sgil adferiad economaidd nag a wnaeth y dosbarth canol neu'r gweithwyr. Er bod rhai diwydianwyr yn anfodlon â rheolaeth y wladwriaeth, roedden nhw ar eu hennill yn sgil ehangu'r economi a diddymu'r undebau llafur. Roedd busnesau bach ar eu hennill o'r adferiad economaidd, ond doedden nhw ddim yn gallu cystadlu â busnesau mawr, a doedd ffermwyr bach

ddim yn ffynnu. I weithwyr, mae'r darlun yn gymysg, oherwydd gwnaeth rhai personél â sgiliau'n dda. Yn gyffredinol, enillodd y gweithwyr swyddi, ond gan golli eu hawliau i fargeinio'n rhydd ar y cyd. Roedd eu horiau gwaith yn tueddu i fod yn hirach.

**17** Llinyn parhaus: roedd y Kaiserreich yn hyrwyddo'r arfer o wladychu ac roedd gan y Gynghrair Draws-Almaenig ei dysgeidiaeth ei hun o blaid ehangu. Yn ystod cyfnod Weimar, roedd Gustav Stresemann wedi bod yn awyddus i adolygu telerau Cytundeb Versailles, diogelu Almaenwyr tramor ac ailaddasu'r ffin ddwyreiniol. Roedd y llinyn parhaus hwn o fewn polisi tramor wedi adeiladu pont at adolygiadaeth yr 1930au cynnar, a llwyfan i bolisi'r Natsïaid o Lebensraum ar ôl 1939.

**18** Gwnaeth llywodraeth yr Almaen sawl cytundeb tactegol rhwng 1934 ac 1939.

- Llofnodwyd Pact i Beidio ag Ymosod gyda Gwlad Pwyl ym mis Ionawr 1934, ar ôl i'r Almaen adael Cynghrair y Cenhedloedd. Roedd y cytundeb dwyochrol hwn yn amharu ar gynghrair Ffrainc a Gwlad Pwyl, a hefyd yn lleddfu amheuon y Gorllewin am gynlluniau'r Almaen o ran Gwlad Pwyl.
- Ym mis Mawrth 1935, cyhoeddodd Hitler fod llu awyr yr Almaen yn bodoli, ac ar 16 Mawrth cyflwynodd gonsgripsiwn. Llofnodwyd cytundeb morwrol ffafriol gyda Phrydain i wneud iawn am ailarfogi'r Almaen.
- Yn 1936 cafwyd Cytundeb Axis gyda'r Eidal, gan gydnabod meysydd cyffredin oedd o ddiddordeb i'r ddwy wlad, a llofnodwyd Pact Gwrth-Gomintern gyda Japan yn erbyn comiwnyddiaeth.
- Ym mis Mai 1939 cytunwyd ar y Pact Dur gyda'r Eidal, ac ym mis Awst 1939 llofnododd yr Almaen y Pact i Beidio ag Ymosod â Rwsia, fel mesur dros dro i osgoi rhyfel ar ddau ffrynt.

**19** Roedd Memorandwm Hossbach yn gofnod answyddogol o gyfarfod yng nghangelloriaeth Reich Berlin ar 5 Tachwedd 1937. Yn y ddogfen hon, amlinellodd Hitler ei nodau a'i ddulliau polisi tramor. Yn ôl cofnodion y cyfarfod gafodd eu nodi gan y Cyrnol Hossbach (cynorthwyydd milwrol Hitler), roedd tempo diplomyddiaeth Hitler wedi newid. Roedd yn barod nawr i fentro mwy a defnyddio grym. Roedd bwriad polisi tramor yr Almaen o ehangu bellach yn gyhoeddus, ar ôl bod ynghudd.

**20** Roedd Hitler wedi manteisio ar amharodrwydd Prydain a Ffrainc i weithredu'n uniongyrchol wrth gefnogi Tsiecoslofacia, felly roedd ymddygiad ymosodol yr Almaen wedi'i wobrwyo. Roedd y cytundeb a lofnodwyd ym München yn caniatáu i'r Almaen feddiannu'r Sudetenland, a chymathu ei lleiafrif Almaenig o 3.5 miliwn i mewn i'r Reich. Datgelodd München lawer am natur cysylltiadau rhyngwladol, gan fod yr argyfwng wedi'i ddatrys gan yr Eidal, yr Almaen, Prydain a Ffrainc, gan orfodi eu penderfyniad ar Tsiecoslofacia. Doedd dim ymgynghori â Rwsia, a chafodd y wlad ei hynysu oddi wrth bwerau'r Gorllewin. Eto i gyd, mae rhai yn ystyried München yn fethiant i Hitler, gan iddo gael ei berswadio i gytuno ar gytundeb diplomyddol yn hytrach na dewis y datrysiad milwrol, sef yr hyn roedd wedi'i fygwth drwy gydol yr argyfwng.

**21** Roedd ysbryd Locarno yn symbol o gymodi a chydweithio, gan greu'r argraff fod gwir heddwch wedi dod o'r diwedd drwy gytundebau Locarno yn 1925. Roedd Gustav Stresemann yn barod i ildio pethau fyddai'n dychwelyd yr Almaen i sofraniaeth lawn ac annibyniaeth yn y dyfodol. Ond ni lwyddodd Locarno i ddileu'r amcanion o waredu iawndaliadau, cyflawni cydraddoldeb milwrol, nac adolygu ffiniau dwyreiniol yr Almaen.